T0206378

Wissenschaftliche Reihe Fahrzeugtechnik Universität Stuttgart

Herausgegeben von
M. Bargende, Stuttgart, Deutschland
H.-C. Reuss, Stuttgart, Deutschland
J. Wiedemann, Stuttgart, Deutschland

Das Institut für Verbrennungsmotoren und Kraftfahrwesen (IVK) an der Universität Stuttgart erforscht, entwickelt, appliziert und erprobt, in enger Zusammenarbeit mit der Industrie, Elemente bzw. Technologien aus dem Bereich moderner Fahrzeugkonzepte. Das Institut gliedert sich in die drei Bereiche Kraftfahrwesen, Fahrzeugantriebe und Kraftfahrzeug-Mechatronik. Aufgabe dieser Bereiche ist die Ausarbeitung des Themengebietes im Prüfstandsbetrieb, in Theorie und Simulation. Schwerpunkte des Kraftfahrwesens sind hierbei die Aerodynamik, Akustik (NVH), Fahrdynamik und Fahrermodellierung, Leichtbau, Sicherheit, Kraftübertragung sowie Energie und Thermomanagement – auch in Verbindung mit hybriden und batterieelektrischen Fahrzeugkonzepten.

Der Bereich Fahrzeugantriebe widmet sich den Themen Brennverfahrensentwicklung einschließlich Regelungs- und Steuerungskonzeptionen bei zugleich minimierten Emissionen, komplexe Abgasnachbehandlung, Aufladesysteme und -strategien, Hybridsysteme und Betriebsstrategien sowie mechanisch-akustischen Fragestellungen.

Themen der Kraftfahrzeug-Mechatronik sind die Antriebsstrangregelung/Hybride, Elektromobilität, Bordnetz und Energiemanagement, Funktions- und Softwareentwicklung sowie Test und Diagnose.

Die Erfüllung dieser Aufgaben wird prüfstandsseitig neben vielem anderen unterstützt durch 19 Motorenprüfstände, zwei Rollenprüfstände, einen 1:1-Fahrsimulator, einen Antriebsstrangprüfstand, einen Thermowindkanal sowie einen 1:1-Aeroakustikwindkanal.

Die wissenschaftliche Reihe „Fahrzeugtechnik Universität Stuttgart" präsentiert über die am Institut entstandenen Promotionen die hervorragenden Arbeitsergebnisse der Forschungstätigkeiten am IVK.

Herausgegeben von
Prof. Dr.-Ing. Michael Bargende
Lehrstuhl Fahrzeugantriebe,
Institut für Verbrennungsmotoren und
Kraftfahrwesen, Universität Stuttgart
Stuttgart, Deutschland

Prof. Dr.-Ing. Jochen Wiedemann
Lehrstuhl Kraftfahrwesen,
Institut für Verbrennungsmotoren und
Kraftfahrwesen, Universität Stuttgart
Stuttgart, Deutschland

Prof. Dr.-Ing. Hans-Christian Reuss
Lehrstuhl Kraftfahrzeugmechatronik,
Institut für Verbrennungsmotoren und
Kraftfahrwesen, Universität Stuttgart
Stuttgart, Deutschland

Weitere Bände in dieser Reihe http://www.springer.com/series/13535

Tobias Engelhardt

Derating-Strategien für elektrisch angetriebene Sportwagen

Tobias Engelhardt
Stuttgart, Deutschland

Zugl.: Dissertation Universität Stuttgart, 2016

D93

Wissenschaftliche Reihe Fahrzeugtechnik Universität Stuttgart
ISBN 978-3-658-18206-9   ISBN 978-3-658-18207-6   (eBook)
DOI 10.1007/978-3-658-18207-6

Die Deutsche Nationalbibliothek verzeichnet diese Publikation in der Deutschen National-
bibliografie; detaillierte bibliografische Daten sind im Internet über http://dnb.d-nb.de abrufbar.

Springer Vieweg
© Springer Fachmedien Wiesbaden GmbH 2017

Gedruckt auf säurefreiem und chlorfrei gebleichtem Papier

Springer Vieweg ist Teil von Springer Nature
Die eingetragene Gesellschaft ist Springer Fachmedien Wiesbaden GmbH
Die Anschrift der Gesellschaft ist: Abraham-Lincoln-Str. 46, 65189 Wiesbaden, Germany

Vorwort

Die vorliegende Arbeit entstand im Rahmen meiner Tätigkeit als akademischer Mitarbeiter am Forschungsinstitut für Kraftfahrwesen und Fahrzeugmotoren Stuttgart (FKFS) in Kooperation mit der Dr. Ing. h.c. F. Porsche AG.

Mein besonderer Dank gilt hierbei Herrn Prof. Dr.-Ing. Hans-Christian Reuss für die wissenschaftliche Betreuung meiner Arbeit und die interessanten und anregenden Diskussionen. Weiterhin möchte ich Frau Prof. Dr.-Ing. Nejila Parspour für die Anfertigung des Mitberichts danken und Herrn Prof. Dr.-Ing. Verl für seine Arbeit als Vorsitzender des Promotionsausschusses.

Ich bedanke mich bei Herrn Dr.-Ing. Axel Heitmann, Herrn Stephan Müller, Frau Claudia Romberg und Herrn Karl Dums der Porsche AG und bei Herrn Dr.-Ing. Gerd Baumann des FKFS für die Ermöglichung des Kooperationsprojektes.

Außerdem gilt mein Dank Herrn Johannes Lange und Herrn Markus Orner, die mich stets gut beraten und meine Ideen kritisch hinterfragt haben. Ein weiterer besonderer Dank gilt den Herren Stefan Oechslen und Jan Nägelkrämer für die Anfertigung ihrer hervorragenden Abschlussarbeiten, aus denen ich für meine Arbeit wichtige Erkenntnisse ableiten konnte.

Abschließend möchte ich meiner Familie für die Unterstützung während des Studiums danken.

Tobias Engelhardt

Inhaltsverzeichnis

Abbildungsverzeichnis

Tabellenverzeichnis

Abkürzungsverzeichnis

PSM	Permanenterregte Synchronmaschine
MMPA	Maximales Moment pro Ampere
MMPV	Maximales Moment pro Volt
CFD	Computational Fluid Dynamics
FEM	Finite Elemente Methode
IGBT	Insulated-Gate Bipolar Transistor
PWM	Pulsweitenmodulation
DCB	Direct Copper Bonding
PSO	Particle Swarm Optimization
NSGAII	Nondominated Sorting Genetric Algorithm II
SOC	State-of-Charge
VA	Vorderachse
HA	Hinterachse
NEFZ	Neuer Europäischer Fahrzyklus
NBR	Nürburgring (Nordschleife)
Back-EMF	Back Electromotive Force
PG Weiss-ach	Prüfgelände Weissach
FFT	Fast Fourier Transformation
TEB	Thermisch effiziente Beschleunigung
Wk	Wickelkopf

Rt   Rotor

St   Stator

ECMS   Equivalent Consumption Minimization Strategy

Formelzeichen

a	Beschleunigung	$/\,m/s^2$
a_{soll}	Sollbeschleunigung	$/\,m/s^2$
A_x	Querschnittsfläche	$/\,m^2$
A_O	Oberfläche	$/\,m^2$
B	Flussdichte	$/\,T$
C	Wärmekapazität	$/\,J/K$
$cos\varphi$	Wirkfaktor	$/-$
dt	Zeitschritt für Beschleunigung	$/\,s$
$d_{mot/gen}$	Dämpfungsfaktor mot./gen.	$/-$
$E_{S,IGBT}$	Schaltverlustenergie einer Periode	$/\,J$
f	Frequenz des Wechselfeldes	$/\,Hz$
F_a	Beschleunigungskraft	$/\,N$
$f_{Cu}, f_{Cu,M}$	Korrekturfaktoren Kupferverluste	$/-$
$f_{Cu,Wk}$	Verteilungsfaktor Kupferverluste	$/-$
$f_{d,mot/gen,\delta}$	dyn. Faktoren gen./mot. δ: Wk/Rt	$/\,K$
f_{Fe}	Verteilungsfaktor Eisenverluste	$/-$
F_{fw}	Fahrwiderstände	$/\,N$
F_{Igbt}	Abweichung Fehlerquadrat IGBT	$/\,K^2$
$F_{n,H}$	Normalkraft HA	$/\,N$
$f_{pv,gen,\zeta}$	generatorischer Leistungsfaktor Wk/Rt/St	$/-$

F_{Rt}	Abweichung Fehlerquadrat Rotor/Magnete	$/ K^2$
$F_{r,H}$	Reibkraft HA	$/ N$
f_s	Schwankungszahl	$/ -$
f_{Sw}	Schaltfrequenz	$/ Hz$
f_{verz}	Verzerrungsfaktor	$/ -$
F_{Wk}	Abweichung Fehlerquadrat Wickelkopf	$/ K^2$
F_{zug}	Zugkraft	$/ N$
$F_{zug,H}$	Zugkraft HA	$/ N$
i	Laufvariable diskreter Zeitschritte	$/ -$
$\hat{I}$	Scheitelwert des Stroms	$/ A$
I_{dc}	Gleichstrom gesamt	$/ A$
$I_{dc,str}$	Gleichstrom eines Strangs	$/ A$
$I_{d/q}$	Strom in Längs- und Querrichtung	$/ A$
i_{ge}	Übersetzungsverhältnis Getriebe	$/ -$
I_{Ph}	Phasenstrom	$/ A$
$\hat{I}_{ref}$	Referenzbedingung Strom	$/ A$
J_{em}	Massenträgheitsmoment elektrische Maschine	$/ kgm^2$
J_{ge}	Massenträgheitsmoment Getriebe (-eingang)	$/ kgm^2$
J_r	Kostenfunktion	$/-$
$J_{rad,V/H}$	Massenträgheitsmoment Räder VA/HA	$/ kgm^2$
k	Laufvariable Streckenabschnitt	$/ -$
l	Wärmeleitungsstrecke	$/ m$

$L_{d/q}$	Induktivität in Längs- und Querrichtung	$/\ H$
M	Drehmoment	$/\ Nm$
m	Modulationsgrad	$/\ -$
M_a	Drehmoment für Beschleunigung	$/\ Nm$
$M_{achs,H}$	Achsdrehmoment HA	$/\ Nm$
M_{em}	Drehmoment el. Maschine	$/\ Nm$
m_f	relatives Drehmoment	$/\ -$
m_{fzg}	Masse Fahrzeug	$/\ kg$
$m_{f,mot/gen}$	rel. Drehmoment mot./gen.	$/\ -$
M_{max}	max. Drehmoment	$/\ Nm$
$m_{red,V/H}$	reduzierte Masse VA/HA	$/\ kg$
m_{Wk}	Masseanteil Wickelköpfe	$/\ -$
M_{zul}	zulässiges Drehmoment	$/\ Nm$
$M_{zul,mot/gen}$	zulässiges Drehmoment mot./gen.	$/\ Nm$
M_0	Drehmoment für konstante Geschw.	$/\ Nm$
n	Drehzahl	$/\ 1/min$
n_{eck}	Drehzahl am Eckpunkt	$/\ 1/min$
n_{em}	Drehzahl elektrische Maschine	$/\ 1/min$
$P_{DC,IGBT}$	Durchlassverluste IGBT	$/\ V$
$\boldsymbol{P}_{el}$	Kennfeld elektrische Leistung	$/\ W$
P_i	Verlustleistung an den Massepunkten	$/\ -$
$\boldsymbol{P}_{me}$	Kennfeld mechanische Leistung	$/\ W$

$P_{Sw,IGBT}$	Umschaltverluste IGBT	$/\,W$
P_V	Verlustleistung	$/\,W$
$P_{V,Cu}$	Kupferverluste (Wicklung)	$/\,W$
$\boldsymbol{P}_{V,Cu}$	Kennfeld gemessene Kupferverluste	$/\,W$
$P_{V,CuN}$	Kupferverluste Nuten	$/\,W$
$P_{V,CuW1/2}$	Kupferverluste Wickelkopf 1/2	$/\,W$
$P_{V,Fe}$	Eisenverluste (Bleche)	$/\,W$
$\boldsymbol{P}_{V,Fe^*}$	Kennfeld gemessene Eisen- und Magnetverluste	$/\,W$
p_{vf}	relative Verlustleistung	$/\,-$
$\hat{P}_{V,gen,\zeta}$	zul. Gen. Verlustleistungsampl. Wk/Rt/St	$/\,W$
$P_{V,FeHy}$	Hystereseverluste in den Blechen	$/\,W$
$\boldsymbol{P}_{V,FeM}$	Kennfeld Eisen- und Magnetverluste	$/\,W$
$P_{V,FeR}$	Eisenverluste Rotor	$/\,W$
$P_{V,FeWi}$	Wirbelstromverluste in den Blechen	$/\,W$
$P_{V,FeZu}$	Zusatzverluste	$/\,W$
$P_{V,FeJ}$	Eisenverluste Statorjoch	$/\,W$
$P_{V,FeZ}$	Eisenverluste Statorzähne	$/\,W$
$P_{V,gl,\zeta}$	gefilterte mittl. Verlustleistung Wk/Rt/St	$/\,kW$
$\hat{P}_{V,gl,\zeta}$	gefilterte max. Verlustleistung Wk/Rt/St	$/\,kW$
$P_{V,gl,\delta}$	gefilterte mittl. Verlustleistung Wk/Rt	$/\,kW$
$P_{V,M}$	Magnetverluste	$/\,W$

$P_{V,max}$	max. Verlustleistung	/ W
$P_{V,mittel}$	mittl. Verlustleistung	/ W
$P_{V,R}$	Reibungsverluste	/ W
$P_{V,RA}$	Luftreibungsverluste	/ W
$P_{V,RB}$	Lagerreibungsverluste	/ W
$P_{V,S3}$	max. ertragbare Verlustleistung bei S3-Betrieb	/ kW
$P_{V,S1}$	max. ertragbare Verlustleistung bei S1-Betrieb	/ kW
$P_{V,zul,\zeta}$	zulässige Verlustleistung Wk/Rt/St	/ W
$\hat{P}_{V,\zeta}$	zulässige Verlustleistungsamplitude Wk/Rt/St	/ W
$\dot{Q}$	Wärmestrom	/ W
R	thermischer Widerstand	/ W/K
$r_{dyn,H}$	dynamischer Reifenhalbmesser HA	/ m
$R_{in,str}$	Innerer Widerstand eines Strangs	/ Ω
R_{Ph}	Phasenwiderstand	/ Ω
r_1	differentieller Widerstand	/ Ω
$R_{34,l}, R_{34,h}$	therm. Widerst. bei 0 und 15000 rpm	/ W/K
s	aktuelle Strecke als Funktion der Geschwindigkeit	/ m
s_{ges}	Gesamtlänge der Geraden	/ m
s_H	Reifenschlupf HA	/ —
SOC_0	SOC Start	/ —
s_{opt}	Schlupf bei maximalem Reibwert	/ —

s_r	restliche Strecke	$/\,m$
t	Zeit	$/\,s$
T	Temperatur	$/\,K$
t_a	Zeit bis zur Gesamtlänge mit Beschleunigung	$/\,s$
t_b	Belastungsdauer	$/\,s$
T_{Cu}	Kupfertemperatur	$/\,K$
$T_{der,Wk}$	Temperatur bei der Derating am Wk einsetzt	$/\,K$
TEB_δ	Kennzahl thermisch effizienter Beschl. Wk/Rt	$/\,s/kJ$
$\underline{T}_{em}$	Temperaturen in der el. Maschine	$/\,K$
$T_{FN,Igbt}$	simulierte Temperatur Foster-Netzwerk IGBT	$/\,K$
$t_{gr,Wk}$	temporäre geschätzte Dauer bis Derating	$/\,s$
$T_{gr,\zeta}$	Grenztemperaturen Wk/Rt/St	$/\,K$
T_{km}	Temperatur Kühlmedium	$/\,K$
$T_{Mess,Wk/Rt}$	gemessene Temperatur Wickelkopf/Rotor	$/\,K$
T_p	Periode	$/\,s$
t_r	Rundenzeit letzte Runde	$/\,s$
$T_{Sim,Wk/Rt}$	simulierte Temperatur Wickelkopf/Rotor	$/\,K$
$T_{TN,Igbt}$	simulierte Temperatur therm. Netzwerk IGBT	$/\,K$
t_0	Zeit bis zur Gesamtlänge ohne Beschleunigung	$/\,s$
T_1	Temperatur Massepunkt 1	$/\,K$
T_2	Temperatur Massepunkt 2	$/\,K$
T_2, T_4	Temperaturen Wickelkopf und Rotor	$/\,K$

$\acute{T}_3$	Schätzwert für den Stator T_3	$/\,K$
$T_{3,max}$	max. Statortemperatur bei Derating	$/\,K$
u	Stellgröße: rel. Drehmoment	$/-$
U_{bat}	Batteriespannung	$/\,V$
U_{ZK}	Zwischenkreisspannung	$/\,V$
U_{ref}	Referenzbedingung Spannung	$/\,V$
U_0	Leerlaufspannung	$/\,V$
v	aktuelle Geschwindigkeit	$/\,m/s$
V_{CE0}	Sättigungsspannung	$/\,V$
v_{soll}	Sollgeschwindigkeit	$/\,m/s$
$W_{vbr,t}$	verbrauchte Energie	$/\,J$
W_0	Energieinhalt Start	$/\,J$
$w_{1/2}$	Gewichtung	$/-$
x_1	Zustandsgröße 1: Geschwindigkeit	$/\,m/s$
x_2	Zustandsgröße 2: Temperatur Wk	$/\,K$
z	Anzahl Zeitschritte	$/-$
α	Wärmeübergangskoeffizient	$/\,W/ (m^2 K)$
α_{st}	Steigung	$/\,°$
$\Delta P_{V,\delta}$	Differenz-Verlustleistung Wk/Rt	$/\,W$
Δt	Zeit pro Streckenabschnitt	$/\,t$
Δt_a	Zeitgewinn	$/\,s$
ΔT_{max}	max. Temperaturdifferenz	$/\,K$

ΔT_∞	Beharrungstemperaturdiff.	$/K$
ΔW	Energieverbrauch pro Streckenabschnitt	$/J$
$\Delta W_{V,\delta}$	Differenz-Verlustenergie Wk/Rt	$/kJ$
δ	Index für Wickelkopf/Rotor (Wk/Rt)	$/-$
ζ	Index für Wickelkopf/Rotor/Stator (Wk/Rt/St)	$/kW$
η_{bat}	Lade- und Entladewirkungsgrad Batterie	$/-$
η_{ge}	Getriebewirkungsgrad	$/-$
λ	Wärmeleitfähigkeit	$/W/(mK)$
μ_{max}	max. Reibwert	$/-$
τ_ζ	Tastgrad Wk/Rt/St	$/kW$
τ_T	Tastgrad	$/-$
Ψ_{pm}	Permanentmagnet Fluss	$/T$
$\dot{\omega}_{em}$	Winkelbeschleunigung el. Maschine	$/rad/s^2$

Kurzfassung

Für Sportwagen sind elektrische Maschinen aufgrund ihrer hohen Leistungsdichte attraktiv. Die hohen Leistungsdichten führen allerdings zu einer starken Erwärmung der Antriebskomponenten. Um Beschädigungen durch
Überhitzung zu vermeiden, muss die abgegebene Leistung bei Erreichen
einer Grenztemperatur reduziert werden. Diese Reduzierung wird als „Derating" bezeichnet. Die freigegebene Leistung hängt in den meisten Fällen von
der Temperatur kritischer Bauteile ab (z.B. Wickelkopf). Das führt zu
Schwankungen in den Fahrleistungen. Im Extremfall lässt sich – durch dynamische Anpassung der freigegebenen Leistung – die Bauteiltemperatur
annähernd auf die Grenztemperatur regeln. Dadurch wird das thermische
Potential ausgenutzt und die Fahrleistungen sind hoch. Aufgrund der dynamischen Regelung leidet jedoch die Fahrbarkeit. Folglich existiert ein Zielkonflikt zwischen den Fahrleistungen und der Fahrbarkeit bei aktivem Derating.

In dieser Arbeit werden am Beispiel eines elektrisch angetriebenen Sportwagens Derating-Strategien untersucht, die den besten Kompromiss aus Fahrleistungen und Fahrbarkeit ermöglichen. Dazu muss zunächst eine Simulationsumgebung geschaffen werden, in der die Entwicklung und Optimierung
der Derating-Strategie erfolgen kann. Die wichtigsten Komponenten der
Simulationsumgebung sind das Fahrzeugmodell und das thermische Modell
der elektrischen Maschine. Das Fahrzeugmodell ermöglicht die Berechnung
von Rundenzeiten in Abhängigkeit der eingesetzten Derating-Strategie. Das
thermische Modell der elektrischen Maschine berechnet die Temperaturen
der kritischen Bauteile und ist damit der Kern der Simulationsumgebung.
Das thermische Modell wird mittels eines Optimierungsalgorithmus an Messungen angepasst und validiert.

Nach der Beschreibung möglicher Derating-Strategien werden zwei vielversprechende Varianten ausgewählt und untersucht. Während die eine Derating-Strategie eine Weiterentwicklung einer temperaturabhängigen Regelung
ist, basiert die andere auf der Prädiktion der zulässigen Verlustleistung. Die
beiden Zielkriterien Fahrleistungen und Fahrbarkeit werden mittels evolutionärer Algorithmen für beide Varianten optimiert. Ein Vergleich der optimier-

ten Derating-Strategien zeigt deutliche Verbesserungen in beiden Zielkriterien gegenüber dem Stand der Technik. Beide optimierten Derating-Strategien können die Rundenzeit leicht und die Fahrbarkeit deutlich verbessern.

Abstract

Electric motors are suitable for sports cars due to their power density. However, high power densities lead to rapidly increasing temperatures in the components of the powertrain. To avoid damage caused by temperature excesses, the output power of the electric motor must be reduced. This reduction of output power at high temperatures is called "derating". Derating decreases the performance of the vehicle. The released output power depends mostly on the temperature of critical components, such as the coil ends or the magnets. This causes fluctuations of the possible vehicle acceleration. Theoretically, the temperature of critical components can be controlled dynamically to remain close to the limiting temperature. Performance is high due to the exploitation of thermal potential. However, the dynamical control of the output power degrades drivability. Hence performance and drivability yield a conflict of interest.

In this work derating-strategies for electric sports cars are investigated. The aim of the derating-strategy is to achieve the best compromise between performance and drivability. A simulation environment has to be created for the development and the optimization of the derating-strategy. The core features of the simulation environment are the vehicle model and the thermal model of the electric motor. The vehicle model allows calculating lap times as a function of the derating-strategy. The thermal model of the electric motor calculates the temperatures of critical components, which is key to the investigation. The thermal model of the electric motor is fitted to measurements by an optimization algorithm.

After an evaluation of possible derating-strategies, two promising prospects are chosen for further elaboration. One prospect is an advancement of temperature depending control. The other prospect is based on the prediction of allowable power losses in the critical components. The objectives, performance and drivability, are optimized by evolutionary algorithms for each derating-strategy. Both derating-strategies show considerable improvements over state-of-the-art strategies: Lap times are decreased slightly and noticeable fluctuations of the output power are decreased significantly.

1 Einleitung und Zielsetzung

Elektrische Maschinen können aufgrund ihrer Überlastfähigkeit hohe Leistungsdichten erreichen [1]. In Sportwagen sind dadurch mit vergleichsweise kleinen Antriebseinheiten hohe Fahrleistungen möglich. Die hohen Leistungsdichten führen allerdings zu einer starken Erwärmung der Antriebskomponenten. Wird der elektrische Antrieb über einen längeren Zeitraum stark beansprucht, kann er Grenztemperaturen verschiedener Materialien erreichen. Um Beschädigungen zu vermeiden, wird ab einer bestimmten Temperaturschwelle die Leistung reduziert [2]. Diese Leistungsdegradation wird als „Derating" bezeichnet.

Der Antrieb eines Sportwagens ist höheren Belastungen ausgesetzt als der eines Stadtfahrzeugs. Eine sehr hohe Belastung tritt dabei auf der Rundstrecke auf: Es werden sowohl hohe Leistungsamplituden als auch hohe mittlere Leistungsbeträge gefordert. Die Antriebe müssen möglichst leicht sein, um das hohe Gewicht des Energiespeichers zu kompensieren. In Kombination mit den hohen Anforderungen an die Fahrleistungen führt das zu Antrieben hoher Leistungsdichte. Die abgerufene Leistung führt in den verhältnismäßig kleinen und leichten Antrieben zu einer starken thermischen Belastung. Das Eintreten von Derating ist deshalb wahrscheinlich. Die einfachste Form des Deratings ist linear und temperaturabhängig. Daraus resultiert eine schwankende maximal verfügbare Antriebsleistung, die für den Fahrer zu nicht reproduzierbaren Reaktionen des Antriebs auf den Fahrerwunsch führt.

Es gibt drei grundsätzliche Maßnahmen zur Vermeidung von Derating im Rundstreckenbetrieb: Die Reduzierung der Verlustleistung, die Verbesserung der Wärmeabfuhr und die Verwendung temperaturfesterer Materialien. Die Reduzierung der Verlustleistung ist begrenzt, da die Wirkungsgrade elektrischer Maschinen bereits auf hohem Niveau von über 95 % sind [3]. Die Verwendung zusätzlicher Kühlmaßnahmen und temperaturfesterer Materialien ist mit Kosten verbunden. Außerdem stellt sich die Frage, ob ein Antrieb mit verbesserten thermischen Eigenschaften nicht noch stärker überlastet wird und damit wieder Derating eintritt.

Derating ist eine negative Folge des positiven Effekts der Überlastbarkeit und sollte deshalb nicht um jeden Preis vermieden, sondern so eingesetzt werden, dass das Fahrzeug seinen definierten Einsatzzweck optimal erfüllt.

Die Zielsetzung der Arbeit ist die Untersuchung von „Derating-Strategien". Dafür müssen zunächst eine entsprechende Simulationsumgebung geschaffen und die verwendeten Modelle mit Messungen vom Prüfstand validiert werden. Anschließend werden Erkenntnisse zum thermischen Verhalten des Antriebs im Rundstreckenbetrieb und zur optimalen Verteilung der Antriebsleistung erarbeitet. Mit Hilfe dieser Erkenntnisse werden zwei parametrierbare Betriebsstrategien untersucht und mittels evolutionärer Algorithmen optimiert.

Durch die Betriebsstrategien kann der Antrieb dauerhaft Leistungsamplituden liefern, die deutlich oberhalb der stationär ertragbaren Dauerleistung des Antriebs liegen, ohne dass die Fahrleistungen des Fahrzeugs schwanken und das Fahrverhalten unvorhersehbar machen.

2 Grundlagen

In diesem Kapitel werden Grundlagen der Wärmeübertragung, des untersuchten Antriebs und der Optimierung beschrieben, die für das Verständnis nachfolgender Kapitel erforderlich sind.

2.1 Wärmeübertragung

Die Bauteiltemperaturen werden mittels thermischer Netzwerke modelliert. Dabei werden komplizierte Geometrien durch einzelne Massepunkte abgebildet. Die Erwärmung eines Massepunktes hängt von dessen Wärmekapazität, der eingebrachten Leistung und der Summe der Wärmeströme ab [4]:

$$C \cdot \frac{dT}{dt} = P_v + \sum \dot{Q} \qquad \text{Gl. 2.1}$$

C	Wärmekapazität	$/ J/K$
T	Temperatur	$/ K$
t	Zeit	$/ s$
P_v	Verlustleistung	$/ W$
$\dot{Q}$	Wärmestrom	$/ W$

Die Verlustleistung wirkt als innere Wärmequelle. Ein Wärmestrom entsteht zwischen Massepunkt 1 und einem benachbarten Massepunkt 2, wenn eine treibende Temperaturdifferenz vorhanden ist. Die Höhe des Wärmestroms hängt dann von der Temperaturdifferenz und dem thermischen Widerstand ab (siehe Gl. 2.2). Abbildung 2.1 zeigt ein thermodynamisches System aus zwei Massepunkten.

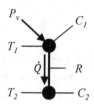

Abbildung 2.1: Prinzipdarstellung von zwei Massepunkten

$$\dot{Q} = \frac{1}{R} \cdot (T_2 - T_1) \qquad\qquad \text{Gl. 2.2}$$

$\dot{Q}$	Wärmestrom	/ W
T_1	Temperatur Massepunkt 1	/ K
T_2	Temperatur Massepunkt 2	/ K
R	thermischer Widerstand	/ W / K

Der thermische Widerstand wird von drei verschiedenen Effekten bestimmt: Wärmeleitung, Konvektion und Wärmestrahlung. Voruntersuchungen zeigen, dass die Wärmestrahlung bei der thermischen Simulation elektrischer Antriebe vernachlässigt werden kann [5]. Dajaku [6] bestätigt das beispielsweise. Für diese Arbeit sind folglich nur Wärmeleitung und Konvektion relevant.

$$\text{Wärmeleitung:} \qquad R = \frac{l}{\lambda \cdot A_x} \qquad\qquad \text{Gl. 2.3}$$

$$\text{Konvektion:} \qquad R = \frac{1}{\alpha \cdot A_O} \qquad\qquad \text{Gl. 2.4}$$

l	Wärmeleitungsstrecke	/ m
λ	Wärmeleitfähigkeit	/ W / (mK)
A_x	Querschnittsfläche	/ m²
α	Wärmeübergangskoeffizient	/ W / (m²K)
A_O	Oberfläche	/ m²

Wärmeleitung entsteht aufgrund der Temperaturdifferenz innerhalb eines Mediums. Die Wärmeleitfähigkeit ist eine Materialkonstante. Konvektion stellt den Wärmetransport durch Teilchenbewegung dar.

Bei der Wärmeübertragung zwischen Festkörpern und strömenden Fluiden spricht man deshalb vom konvektiven Wärmeübergang. Der Wärmeübergangskoeffizient hängt von der überströmten Geometrie, den Strömungsbedingungen und der Temperatur ab. Serien- und Parallelschaltungen von thermischen Widerständen berechnen sich analog zu elektrischen Widerständen. Weiterreichende Abhandlungen zur Wärmeübertragung sind einschlägiger Literatur zu entnehmen [4], [7].

2.2 Antrieb

Der Antrieb eines batterieelektrischen Fahrzeugs wird in dieser Arbeit als das System, bestehend aus der elektrischen Maschine, der Leistungselektronik und dem Getriebe, definiert. Die Antriebskomponenten können bei batterieelektrischen Fahrzeugen vielfältig angeordnet werden: Die elektrischen Maschinen können zentral mit Getriebe und Differenzial, radnah mit Getriebe oder als Direktantrieb ausgeführt werden. Darüber hinaus können entweder nur eine oder beide Achsen angetrieben werden. Getriebe können ein- oder mehrgängig ausgeführt werden. Die Optimierung der Antriebsstrangtopologien von batterieelektrischen Fahrzeugen wurde beispielsweise von Bertram [8], Pesce [9] und Vaillant [10] untersucht.

2.2.1 Topologie / Fahrzeug

Es wird ein Zentralantrieb mit eingängigem Getriebe und Differenzial an der Hinterachse untersucht. Der vergleichsweise einfache Antrieb ermöglicht es, Einflüsse auf die Erwärmung der Antriebskomponenten zu isolieren. Tabelle 2.1 zeigt die wichtigsten Daten des Fahrzeugs.

Tabelle 2.1:   Fahrzeugdaten

Topologie	2WD Zentralantrieb, Einganggetriebe
max. Geschwindigkeit / km/h	200
Fahrzeugmasse / kg	1250

2.2.2   Elektrische Maschine

Eine Übersicht mit Bewertung von Eigenschaften verschiedener Typen elektrischer Maschinen gibt Finken [3]. Die für die Untersuchungen verwendete elektrische Maschine ist eine permanenterregte Synchronmaschine (PSM), welche sich durch hohe Leistungs- und Drehmomentdichten bei vergleichsweise geringen Verlusten ausweist und deshalb für die Anwendung im Sportwagen attraktiv ist. Die Funktion permanenterregter Synchronmaschinen wird beispielsweise in [1] und [11] beschrieben.

2.2.2.1   Untersuchter Versuchsträger

Die untersuchte elektrische Maschine ist eine permanenterregte Synchronmaschine mit vergrabenen Magneten. Die elektrische Maschine ist auf geringe Verluste und eine hohe mechanische Leistung bei hohen Drehzahlen ausgelegt. Dazu ist im Stator eine gesehnte Wicklung mit hoher Nutzahl umgesetzt. Dadurch werden die harmonischen Wellen des magnetischen Flusses im Luftspalt reduziert – Eisenverluste können bei hohen Drehzahlen reduziert werden [3]. Der Rotor ist mit drei Magnetlagen in V-Form und zusätzlichen Flussbarrieren versehen (siehe Abbildung 2.2). Das Verhältnis von Quer- zu Längsinduktivität wird dadurch erhöht und ein Teil des Drehmoments durch Reluktanz erzeugt. Durch die hohe Reluktanzmomentnutzung ist der Wirkungsgrad im Feldschwächbereich hoch [12], [3]. Um Wirbelströme zu reduzieren, sind 0,2 mm dicke Elektrobleche verbaut. Durch den Verguss der Wicklungen mit Epoxidharz wird die Wärmeleitung zu den Statorblechen und insbesondere zum Kühlmantel verbessert. Die elektrische Maschine verfügt über offene Windungen ohne Sternschaltung (6 Phasenausgänge) und ist für eine Zwischenkreisspannung von 800 V ausgelegt. Tabelle 2.2 zeigt die wichtigsten Daten der untersuchten elektrischen Maschine und Abbildung 2.3 die Volllastkennlinie für den motorischen Betrieb.

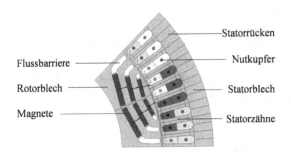

Abbildung 2.2: Blechschnitt eines Pols der elektrischen Maschine

Tabelle 2.2: Daten der elektrischen Maschine

max. Leistung bei 710 V / kW (10s)	210
max. Drehmoment / Nm (10s)	250
max. Drehzahl / 1/min	15000
Zwischenkreisspannung / V	650 – 830 V
aktive Länge / mm	185
aktiver Statordurchmesser / mm	180
Polpaare	4
Wicklung	3 Phasen; Offene Windungen
Blechmaterial	NO20
Magnetmaterial	44SH
Isolationsklasse	H

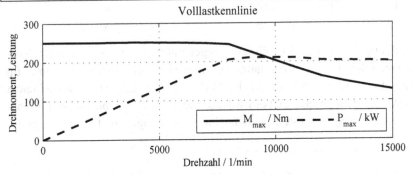

Abbildung 2.3: Volllastkennlinie der untersuchten elektrischen Maschine bei 710 V Zwischenkreisspannung

2.2.2.2   Verluste

Die Verluste in permanenterregten Synchronmaschinen wurden bereits in vielen wissenschaftlichen Arbeiten und Standardwerken umfangreich beschrieben. Grundsätzlich werden sie in Kupfer-, Eisen-, Magnet- und Reibungsverluste aufgeteilt [3]:

$$P_V = P_{V,Cu} + P_{V,Fe} + P_{V,M} + P_{V,R}$$ Gl. 2.5

$P_{V,Cu}$	Kupferverluste (Wicklung)	/ W
$P_{V,Fe}$	Eisenverluste (Bleche)	/ W
$P_{V,M}$	Magnetverluste	/ W
$P_{V,R}$	Reibungsverluste	/ W

Kupferverluste

Die Kupferverluste, auch Stromwärmeverluste genannt, sind proportional zum Quadrat des Stroms und zum Phasenwiderstand, welcher von der Temperatur des Kupfers abhängt [3].

$$P_{V,Cu} \sim I_{Ph}^2 \cdot R_{Ph}(T_{Cu})$$ Gl. 2.6

I_{Ph}	Phasenstrom	/ A
R_{Ph}	Phasenwiderstand	/ Ω
T_{Cu}	Kupfertemperatur	/ K

Abbildung 2.4 zeigt eine übliche Regelstrategie permanenterregter Synchronmaschinen mit Reluktanzmomentnutzung in dq-Koordinaten[1]. Im Grunddrehzahlbereich wird oft die MMPA-Regelung (Maximales Moment pro Ampere) eingesetzt. Dabei wird das maximale Drehmoment bei minimalem Strombetrag eingestellt. Das Drehmoment hängt direkt vom Betrag des

---

[1] dq-Koordinaten sind rotorfeste Koordinaten, in denen die Regelung von Synchronmaschinen erfolgt. Durch Koordinatentransformationen kann daraus der 3-phasige Drehstrom berechnet werden [10]

Stromvektors ab, wodurch die Kupferverluste sich annähernd quadratisch mit dem Drehmoment erhöhen. Bei Volllast befindet sich der Stromvektor am Punkt A. Gl. 2.7 zeigt die Drehmomentgleichung in dq-Koordinaten [12].

$$M_{em} \sim \Psi_{pm} \cdot I_q + (L_q - L_d) \cdot I_d \cdot I_q \qquad \text{Gl. 2.7}$$

M_{em}	Drehmoment elektrische Maschine	/ Nm
Ψ_{pm}	Permanentmagnet Fluss	/ T
$I_{d/q}$	Strom in Längs- und Querrichtung	/ A
$L_{d/q}$	Induktivität in Längs- und Querrichtung	/ H

Im Feldschwächbereich gibt es zunächst einen meist kurzen Bereich (B), in dem der Strombetrag maximal bleibt und in mathematisch positiver Richtung entlang des Kreises maximalen Stroms läuft. Das Drehmoment fällt in diesem Bereich bei konstantem Strombetrag ab.

Bei hohen Drehzahlen und Volllast (Bereich C) wird die MMPV-Regelung (Maximales Moment Pro Volt) angewendet, bei der die Spannungsgrenze die Leistung bestimmt. Die Spannungsgrenze wird durch die grauen Ellipsen dargestellt, die mit steigender Drehzahl kleiner werden. Der Stromvektor wird so geregelt, dass das maximale Drehmoment innerhalb der Spannungsellipsen erreicht wird. Der Strombetrag wird deshalb mit steigender Drehzahl reduziert. Die Belastung der Wickelköpfe ist folglich meist in der ersten Hälfte des Drehzahlspektrums am größten und nimmt zur maximalen Drehzahl hin ab. [12]

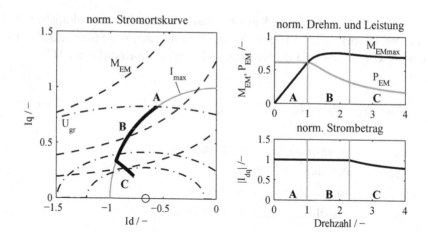

Abbildung 2.4: Regelstrategie von PSM mit Reluktanzmomentnutzung bei Volllast; M_{EM}: Linien Konstanten Drehmoments; I_{max}: maximaler Strom; U_{gr}: Spannungsgrenze

Eisenverluste

Die Eisenverluste bestehen aus Hysterese-, Wirbelstrom- und Zusatzverlusten.

$$P_{V,Fe} = P_{V,FeHy} + P_{V,FeWi} + P_{V,FeZu} \qquad\qquad \text{Gl. 2.8}$$

$P_{V,FeHy}$	Hystereseverluste in den Blechen	/ W
$P_{V,FeWi}$	Wirbelstromverluste in den Blechen	/ W
$P_{V,FeZu}$	Zusatzverluste	/ W

Nach [3] gilt:

$$P_{V,FeHy} \sim B^2 \cdot f \qquad \qquad \text{Gl. 2.9}$$

$$P_{V,FeWi} \sim B^2 \cdot f^2 \qquad \qquad \text{Gl. 2.10}$$

$$P_{V,FeZu} \sim B^2 \cdot f^{1,5} \qquad \qquad \text{Gl. 2.11}$$

B	Flussdichte	$/ T$
f	Frequenz des Wechselfeldes	$/ Hz$

Die Eisenverluste steigen überproportional mit der Frequenz und damit mit der Drehzahl. Laut Soong [12] fallen die Eisenverluste entlang der Volllastlinie im Feldschwächbereich ab, weil die Flussdichte der Grundwelle durch die Feldschwächung reduziert wird.

Magnetverluste

Die Magnetverluste entstehen durch Wirbelströme aufgrund von Änderungen der Flussdichte in den Magneten. Bei vergrabenen Magneten, wie in der untersuchten Maschine, sind die Magnetverluste verhältnismäßig gering, weil die Magnete durch die Rotorbleche vor Statorrückwirkungen geschützt sind [3].

Reibungsverluste

Die Reibungsverluste bestehen aus Lager- und Luftreibungsverlusten:

$$P_{V,R} = P_{V,RA} + P_{V,RB} \qquad \qquad \text{Gl. 2.12}$$

$P_{V,RA}$	Luftreibungsverluste	$/ W$
$P_{V,RB}$	Lagerreibungsverluste	$/ W$

Die Luftreibung ist vom Medium im Luftspalt, den geometrischen Eigenschaften des Luftspalts und der Drehzahl abhängig. Sie ist proportional zur dritten Potenz der Drehzahl [13]. Mit zunehmender Temperatur und damit sinkender Viskosität der Luft nimmt die Luftreibung ab.

Die Verlustleistung durch Lagerreibung ist annähernd proportional zur Drehzahl und nimmt ebenfalls mit steigender Temperatur ab [14].

2.2.2.3   Verlustaufteilung

Für die Erwärmung der Maschine ist nicht die Ursache der Verluste, sondern deren Entstehungsort entscheidend. Deshalb werden die Verluste zunächst örtlich aufgeteilt und dann verschiedenen Betriebspunkten zugeordnet.

Wicklung

Die Kupferverluste in der Wicklung werden in drei Regionen aufgeteilt: Die beiden Wickelköpfe und die Nuten. Bei konstanter Stromdichte kann die Verlustverteilung anhand der Kupfermasse geschehen. Die Stromdichte über dem Nutquerschnitt ist allerdings in der Realität aufgrund von Skin- und Proximity-Effekten (Stromverdrängung) nicht konstant sondern erhöht sich zur Nutöffnung [15].

$$P_{V,Cu} = P_{V,CuW1} + P_{V,CuW2} + P_{V,CuN}$$

Gl. 2.13

$P_{V,CuW1/2}$	Kupferverluste Wickelkopf 1/2	/ W
$P_{V,CuN}$	Kupferverluste Nuten	/ W

Elektrobleche

Die Aufteilung der Eisenverluste in Statorjoch, Statorzähne und Rotorbleche ist anspruchsvoll. Nach Yamazaki [16] und Magnussen [17] ist der Anteil der harmonischen Schwingungen in den Zähnen deutlich größer als im Joch, so dass sich die Eisenverluste mit steigender Drehzahl und Feldschwächung in den Zähnen konzentrieren. Eine Aufteilung der Statoreisenverluste über die Blechmasse ist deshalb nicht möglich. Da sich der Rotor synchron mit dem Statorfeld bewegt, werden durch die Grundwelle keine Eisenverluste im Rotor erzeugt. Die durch Inverter und Nuten eingebrachten harmonischen Schwingungen führen zu mit der Drehzahl steigenden Eisenverlusten im Rotor [18].

$$P_{V,Fe} = P_{V,FeJ} + P_{V,FeZ} + P_{V,FeR}$$ Gl. 2.14

$P_{V,FeJ}$	Eisenverluste Statorjoch	/ W
$P_{V,FeZ}$	Eisenverluste Statorzähne	/ W
$P_{V,FeR}$	Eisenverluste Rotor	/ W

Abbildung 2.5 zeigt, an welchen Stellen die Verlustleistungen in der elektrischen Maschine entstehen.

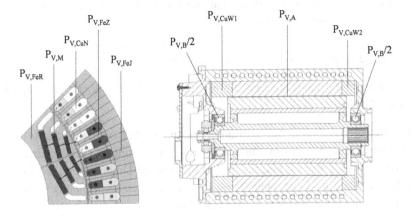

Abbildung 2.5: Entstehungsort der Verluste in Radial- und Axialschnitt

Betriebspunkte

Kupferverluste steigen tendenziell mit dem Drehmoment. Eisen- und Magnetverluste steigen hauptsächlich mit der Drehzahl, aber auch mit der Flussdichte im Eisen – also mit dem Drehmoment. Reibungsverluste steigen nur mit der Drehzahl. Abbildung 2.6 zeigt die gemessenen Verlustleistungskennfelder der untersuchten elektrischen Maschine. Wie in Kapitel 2.2.2.2 beschrieben, sinken die Kupferverluste entlang der Volllastlinie im Feldschwächbereich. Die Eisenverluste sind auffallend hoch.

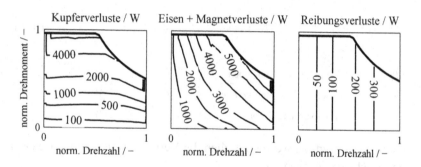

Abbildung 2.6: Gemessene Verlustleistungskennfelder der untersuchten elektrischen Maschine bei 100 °C

2.2.2.4   Einfluss der Temperatur auf die Verluste

Der elektrische Widerstand des Kupfers steigt mit der Temperatur, und damit steigen die Kupferverluste.

Durch steigende Magnettemperaturen sinken die Remanenzflussdichte und die Entmagnetisierungskennlinie ab [19]. Daraus folgen eine verringerte Flussdichte im Luftspalt und damit, bei konstantem Drehmoment, ein höherer Strom. Dies muss im Steuergerät der Leistungselektronik berücksichtigt werden und führt zu höheren Kupferverlusten.

2.2.2.5   Thermische Grenzen

Es gibt drei temperaturkritische Elemente in der untersuchten elektrischen Maschine: Das Isolationssystem der Wicklung, das Vergussmaterial und die Magnete. Bei der Isolation können entweder die Beschichtung der Drähte oder die Isolationspapiere Schaden nehmen. Die vorliegende Isolationsklasse H nach DIN EN 60085 [20] ist bis 180 °C freigegeben. Auch die Vergussmasse kann bei hohen Temperaturen spröde werden und Risse können entstehen. Die Magnete können bei hohen Temperaturen und hohem Gegenfeld dauerhaft entmagnetisiert werden [19]. Die untersuchte elektrische Maschine hat eine Grenztemperatur der Magnete von 150 °C.

Durch die hohen Eisenverluste (siehe Abbildung 2.6) kann bei einer Kühlmitteltemperatur von 70 °C oberhalb von 8000 1/min keine Dauerleistung (S1-Betrieb) mehr abgegeben werden. Für die theoretischen Untersuchungen

dieser Arbeit wird deshalb eine Rotor-Grenztemperatur von 200 °C angenommen. Abbildung 2.7 zeigt die Drehmoment- und Leistungskennlinien,
die bei den jeweiligen Grenztemperaturen von Wickelkopf und Rotor möglich sind. Selbst mit erhöhter Rotor-Grenztemperatur ist die Dauerleistung
dieser Maschine durch den Rotor beschränkt.

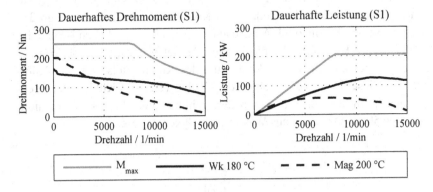

Abbildung 2.7:   S1 Kennlinien für Wickelkopf und Rotor an der Grenztemperatur bei
70° Kühlmitteltemperatur

2.2.2.6   Wärmeleitung

Im Folgenden werden die vier dominierenden Wärmepfade der untersuchten
elektrischen Maschine beschrieben. Abbildung 2.8 und Abbildung 2.9 skiz-
zieren die beschriebenen Wärmepfade.

Wärmepfad 1 – Stator zum Kühlmedium

Zwischen dem Nutkupfer und den Statorzähnen gibt es einen hohen thermischen Widerstand. Die Kupferdrähte sind mit einer Isolationsschicht überzo-
gen, die nicht nur elektrisch, sondern auch thermisch isoliert. Zwischen den
Drähten in der Nut und den Elektroblechen befinden sich Isolationspapiere.
Diese Isolationspapiere sind notwendig, da die Isolation der Drähte gegenüber Erdung oder anderen Phasen nicht ausreicht. Die Wicklung ist mit Epoxidharz vergossen, wodurch die Wärmeleitung zwischen den Drähten und
zum Eisen verbessert wird. Die im Kupfer entstehende Wärme fließt bei
entsprechender Temperaturdifferenz über die Isolation der Drähte, die Vergussmasse, die Isolationspapiere und den Kontaktwiderstand zwischen den
Isolationspapieren und den Elektroblechen in die Elektrobleche.

Bei niedrigen Drehzahlen kann diese Temperaturdifferenz groß sein, da in den Elektroblechen kaum Eisenverluste anfallen. Kommen diese hinzu, verringert sich der Wärmestrom vom Kupfer in die Elektrobleche. Die Wärmeleitung in den Elektroblechen in radialer Richtung ist deutlich besser als in axialer Richtung, was an den axial gestapelten und gegeneinander isolierten Blechen liegt. Zwischen den Elektroblechen und dem Kühlmantel liegt ein weiterer thermischer Widerstand. Dieser Kontaktwiderstand hat einen großen Einfluss auf den Wärmepfad. Aufgrund der vielen 0,2 mm dicken Bleche des Stators ist die Kontaktfläche nicht glatt. Der letzte entscheidende Wärmeübergang liegt zwischen dem Aluminium des Kühlmantels und dem Kühlmedium. Dieser hängt von Geometrie und Oberfläche des Kühlmantels, dem Volumenstrom und der Temperatur des Kühlmediums ab. Als Kühlmedium wird eine 50:50 Mischung aus Wasser und Glykol eingesetzt.

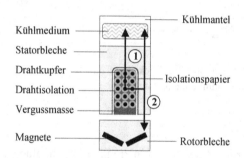

Abbildung 2.8:   Skizze (Radialschnitt) der Wärmepfade 1 und 2 der el. Maschine

Wärmepfad 2 – Zwischen Stator und Rotor

Bei hohen Lasten ist die Statortemperatur zunächst meist höher als die Rotortemperatur. Wie in Kapitel 2.2.2.3 beschrieben, liegen die größten Verluste des Kupfers in den Nuten im Bereich der Nutöffnung an. Auch die Eisenverluste des Stators konzentrieren sich bei höheren Drehzahlen an den Statorzähnen. Die Wärme fließt deshalb bei hohen Belastungen meist vom Stator über den Luftspalt in die Rotorbleche. Der thermische Widerstand des Luftspaltes sinkt mit der Drehzahl. Nach Hinrich [21] entstehen bei hohen Drehzahlen allerdings erhebliche Reibungsverluste im Luftspalt, die dem Wärmestrom über den Luftspalt entgegen wirken können. Bei langen Belastungen und hohen Verlusten im Rotor kann sich der Rotor soweit erhitzen, dass sich der Wärmestrom umkehrt. Auch bei niedrigen Lasten und hohen

Drehzahlen ist ein Wärmestrom von Rotor zu Stator wahrscheinlich, weil dann hohe Eisen- und geringe Kupferverluste entstehen.

Wärmepfad 3 – Wickelkopf zum Kühlmedium

Der Wickelkopf ist bei permanenterregten Synchronmaschinen mit verteilter Wicklung meist die heißeste Stelle. Der Wickelkopf hat eine deutlich größere Querschnittsfläche als die Nuten. Im Inneren des Wickelkopfes entsteht bei hohen Lasten viel Wärme. Der thermische Widerstand im Wickelkopf quer zu den Drähten hin zum Kühlmantel ist groß. Neben den Drahtisolationen gibt es auch im Wickelkopf Isolationspapiere zwischen den Phasen und zum Gehäuse. Das Vergussmaterial verbessert die Wärmeleitung und den Wärmeübergang zum Kühlmantel deutlich. Da der Wickelkopf das heißeste Bauteil ist, ist Wärmepfad 3 von besonderer Bedeutung für die Dauerleistung der Maschine.

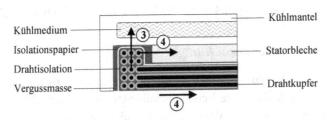

Abbildung 2.9: Skizze (Axialschnitt) der Wärmepfade 3 und 4 der el. Maschine

Wärmepfad 4 – Wickelkopf zum Stator

Bei niedrigen Drehzahlen und hohen Drehmomenten erwärmt sich das Kupfer, insbesondere der Wickelkopf, deutlich schneller als die Elektrobleche des Stators. Es kann also zu einem nennenswerten Wärmestrom vom Wickelkopf in den Stator kommen.

Hierzu gibt es zwei mögliche Wärmepfade: Der erste geht direkt entlang der Kupferdrähte in die Nuten, der andere über die Vergussmasse axial in die Elektrobleche.

Die thermischen Widerstände sind im Voraus schwer zu bestimmen. Durch analytische Berechnungsvorschriften und numerische CFD und FEM Simulationen lassen sich Annäherungen ermitteln, die aber aufgrund von Vereinfachungen und Fertigungstoleranzen teilweise von der Realität abweichen. Voruntersuchungen zeigen, dass selbst bei sehr gewissenhafter analytischer und numerischer Berechnung große Abweichungen der berechneten zu den realen Werten entstehen können [22].

2.2.3 Leistungselektronik

Die eingesetzte Leistungselektronik ist so ausgelegt, dass sie selbst bei Volllast der elektrischen Maschine nicht temperaturkritisch wird. Derating tritt folglich nicht ein. Dass eine solche Auslegung für elektrisch angetriebene Sportwagen vorteilhaft ist, wird in Kapitel 5.1 hergeleitet. Eine Beschreibung der Funktion der Leistungselektronik für Fahrzeugantriebe gibt u.a. [23].

2.2.3.1   *Untersuchter Versuchsträger*

Die untersuchte Leistungselektronik ist als Dreifache-H-Brücke mit Standardmodulen ausgeführt. Die Leistungshalbleiter sind in der 1200 V Klasse ausgeführt. Die Kühlung erfolgt durch eine Kühlplatte mit Pin-Fin-Kühlung. Tabelle 2.3 fasst die wichtigsten Daten zusammen.

Tabelle 2.3:   Daten der Leistungselektronik

Scheinleistung / kVA bei 710 V	270
max. Phasenstrom / A	180
Schaltfrequenz / Hz	10000

2.2.3.2   *Verluste*

Eine Leistungselektronik hat zwölf Schalter mit mehreren parallel geschalteten IGBT (Insulated Gate Bipolar Transistor) und Dioden. In den IGBT und Dioden entstehen Umschalt- und Durchlassverluste.

Umschaltverluste

Die Umschaltverluste teilen sich in Ein- und Ausschaltverluste auf, wobei die Einschaltverluste bei den Dioden zu vernachlässigen sind. Die Umschaltverluste der IGBT berechnen sich nach Eckardt [24] mit Gl. 2.15, wobei hier gegenüber [25] Vereinfachungen getroffen werden, wie beispielsweise die Vernachlässigung des Temperatureinflusses. $E_{S,IGBT}$, $\hat{I}_0$ und U_0 werden aus dem Datenblatt des Modulherstellers entnommen, z.B. [26].

Die Umschaltverluste hängen von der Schaltfrequenz und nicht von der Grundwellenfrequenz, also nicht von der Drehzahl der elektrischen Maschine ab. Die Berechnung der Umschaltverluste der Diode verläuft ähnlich mit derselben Proportionalität zur Schaltfrequenz [25].

$$P_{Sw,IGBT} = \frac{f_{Sw} \cdot E_{S,IGBT} \cdot \hat{I} \cdot U_{ZK}}{\pi \cdot \hat{I}_{ref} \cdot U_{ref}} \qquad \text{Gl. 2.15}$$

$P_{Sw,IGBT}$	Umschaltverluste IGBT	/ W
f_{Sw}	Schaltfrequenz	/ Hz
$E_{S,IGBT}$	Schaltverlustenergie einer Periode	/ J
$\hat{I}$	Scheitelwert des Stroms	/ A
U_{ZK}	Zwischenkreisspannung	/ V
$\hat{I}_{ref}$	Referenzbedingung Strom	/ A
U_{ref}	Referenzbedingung Spannung	/ V

Durchlassverluste

Die Durchlassverluste sind in Gl. 2.16 ebenfalls am Beispiel der IGBT für sinusförmige Pulsweitenmodulation dargestellt. Die Berechnung basiert auf einem gemittelten Strom. Die Berechnung der Verluste an der Diode verläuft ähnlich, mit derselben Abhängigkeit vom Durchlassstrom. [25]

$$P_{DC,IGBT} = V_{CE0} \cdot \hat{I} \cdot \left(\frac{1}{2\pi} + \frac{m \cdot cos\varphi}{8}\right) + r_1 \cdot \hat{I}^2$$
$$\cdot \left(\frac{1}{8} + \frac{m \cdot cos\varphi}{3\pi}\right) \qquad \text{Gl. 2.16}$$

$P_{DC,IGBT}$	Durchlassverluste IGBT	/ V
V_{CE0}	Sättigungsspannung	/ V
m	Modulationsgrad	/ −
$cos\varphi$	Wirkfaktor	/ −
r_1	differentieller Widerstand	/ Ω

Betriebspunkte

Abbildung 2.10 zeigt die Gesamtverluste für IGBT und Diode bei konstanter Spannung und Temperatur. Die Verluste steigen mit dem Drehmoment und leicht mit der Drehzahl. Entlang der Volllastlinie sinken sie. Die Verluste am IGBT sind höher als an der Diode.

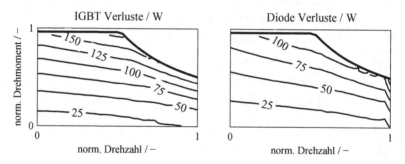

Abbildung 2.10: Simulierte Gesamtverluste IGBT und Diode

2.2.3.3   Thermische Grenzen

Derating der Leistungselektronik ist komplex. Um eine rasche Alterung zu verhindern, müssen neben einer zu hohen absoluten Temperatur auch zu hohe Temperaturhübe innerhalb einer PWM-Periode und zu hohe Temperaturdifferenzen in den Bauteilen eines Moduls unterbunden werden.

Durch hohe Temperaturdifferenzen in den Bauteilen eines Leistungshalbleitermoduls oder durch unterschiedliche Wärmeausdehnungskoeffizienten
entstehen thermo-mechanischen Spannungen. Diese Spannungen können
beispielsweise zum Ablösen oder Reißen der Bonddrähte, zur Delamination
der Lotverbindung oder zu Rissen in der Keramikschicht (Substrat) führen.
Auch das Wärmeleitmaterial zwischen Substrat und Kühlkörper kann be-
schädigt werden. Beschädigungen der Bonddrähte führen zu steigenden
Durchlassverlusten, während Beschädigungen der Verbindungen und Sub-
strate zu einem erhöhten thermischen Widerstand führen. Jede Art der Schä-
digung führt zu einer höheren Bauteiltemperatur, so dass sich der Effekt
selbst verstärkt. [27]

Da die untersuchte Leistungselektronik unkritisch ausgelegt ist, wird in dieser Arbeit lediglich die Grenztemperatur von 125°C überwacht und die Temperaturdifferenzen werden vernachlässigt.

2.2.3.4   Wärmeleitung

Abbildung 2.11 zeigt den Aufbau eines Standardmoduls. Die Leistungshalbleiter sind auf das DCB (Direct Copper Bonding) Substrat aufgelötet. Das
DCB besteht aus einer elektrisch isolierenden Schicht aus Keramik (Al_2O_3),
die beidseitig mit Kupfer bedeckt ist. Das Substrat ist direkt auf die Kühlplatte aus Aluminium mit Pin-Fins aufgelötet. Gekühlt wird mit 50:50 Wasser-
Glykol-Gemisch.

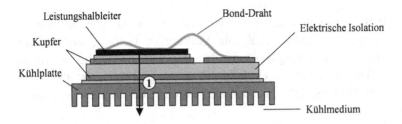

Abbildung 2.11: Prinzipieller Aufbau eines Leistungshalbleitermoduls und
Wärmepfad 1, nach [27]

Wärmepfad 1 – Leistungshalbleiter zum Kühlmedium

Die Leistungshalbleiter werden durch die Verlustleistung erwärmt. Durch das Temperaturgefälle zum Kühlmedium entsteht ein Wärmestrom über das Substrat in den Kühlkörper und von dort in das Kühlmedium. Abbildung 2.11 veranschaulicht Wärmepfad 1.

Wärmepfad 2 – Leistungshalbleiter untereinander

Die nahe beieinanderliegenden IGBT und Dioden beeinflussen sich gegenseitig so, dass ein Teil des Wärmestroms zwischen den beiden Halbleitern fließen kann. Laut Raciti [28] müssen auch die Wärmeströme der einzelnen Leistungshalbleitermodule untereinander beachtet werden. Durch die Parameteranpassung bei der Erstellung des thermischen Modells wird der geringe Einfluss des zweiten Wärmepfades kompensiert, so dass eine Modellierung des dominanten Wärmepfads 1 für diese Arbeit ausreicht.

Die thermischen Widerstände zwischen den einzelnen Komponenten eines Leistungsmoduls sind schwer zu ermitteln, da innerhalb des Moduls nur sehr schwierig exakte Temperaturen gemessen werden können. Die Temperaturen der Halbleiter können mittels thermischer Berechnungen und Temperatursensoren in der Nähe der Leistungshalbleiter (Beobachter) abgeschätzt werden [29].

2.2.4 Getriebe

Das Getriebe des untersuchten Antriebs ist ein zweistufiges eingängiges Stirnradgetriebe mit Differenzial. Die Verluste im Getriebe sind Verzahnungsverluste, Lagerreibungsverluste, Planschverluste und Dichtungsverluste [14]. Das Getriebe hat einen sehr hohen Wirkungsgrad von meist über 97 %. Durch einen Öl-Wasser-Wärmeübertrager ist das Getriebe thermisch unkritisch.

Tabelle 2.4:   Daten des Getriebes

Topologie	Zweistufig, feste Übersetzung, Differenzial
Übersetzungsverhältnis	9,14

2.2.5 Batterie

Die Batterie ist eine virtuelle, für diese Arbeit entworfene, Lithium-Ionen Batterie mit Pouchzellen und einem Energieinhalt von 35 kWh. Die Zellspannung und inneren Widerstände orientieren sich an vorhandenen Zellen. Die virtuelle Batterie ist auf 800 V Nennspannung ausgelegt. Thermische Effekte der Batterie werden nicht erfasst. In dieser Arbeit wird davon ausgegangen, dass kein Batterie-Derating notwendig ist.

Tabelle 2.5:   Daten der Batterie

Zellen	Lithium-Ionen Pouchzellen
Nennspannung	800 V
Schaltung	208s2p
Energieinhalt	35 kWh

2.3 Optimierung

Einige Problemstellungen dieser Arbeit erfordern die Ermittlung einer optimalen Lösung bei vielen Eingangsgrößen und Kombinationsmöglichkeiten. Eine Rastersuche, das heißt das Berechnen aller möglichen Kombinationen der Eingangsgrößen, ist nicht in vertretbarer Rechenzeit und Genauigkeit durchführbar. Aus diesem Grund werden Optimierungsverfahren eingesetzt.

Das Ziel der Optimierung ist es, unter einer Auswahl an möglichen Eingangsgrößen die Kombination zu finden, die innerhalb erlaubter Grenzen zur besten Lösung führt. Anders ausgedrückt: Gesucht ist ein Parametertupel $\underline{p}$, das die Zielfunktion f minimiert [30]:

$$\underline{y}^* = \min_{\underline{p}} \left\{ y = f\left(\underline{p}\right); \underline{p} = (p_1, \dots p_n) \right\} \qquad \text{Gl. 2.17}$$

Die Parameter des Parametertupels werden als Optimierungsparameter bezeichnet. Die Zielfunktion f berechnet in Abhängigkeit der Optimierungsparameter die Zielgrößen y. Es kann eine oder, bei der multikriteriellen Optimierung, auch mehrere Zielgrößen geben. Zielgrößen sind beispielsweise die Rundenzeit oder die Fahrbarkeit. In dieser Arbeit ist die Zielfunktion das in Kapitel 3.1 beschriebene Fahrzeugmodell. Damit das Ergebnis zulässig ist, müssen oft Nebenbedingungen eingehalten werden. Diese können entweder Gleichheits- oder Ungleichheitsnebenbedingungen sein. Ein Beispiel einer Ungleichheitsnebenbedingung wäre das Einhalten bestimmter Temperaturgrenzen.

2.3.1 Auswahl der Optimierungsverfahren

Eine gute Abhandlung der Optimierungsverfahren gibt Tellermann [30]. Er unterscheidet zunächst analytische und numerische Zielfunktionen. Die Zielfunktion in dieser Untersuchung ist das Fahrzeugmodell, das nicht durch eine geschlossene analytische Gleichung dargestellt werden kann. Optimierungsverfahren, die auf geschlossene analytische Gleichungen ausgelegt sind, können folglich nicht verwendet werden. Ein numerisches Verfahren ist deshalb erforderlich.

Die numerischen Verfahren lassen sich in deterministische und stochastische Verfahren gliedern. Zu den deterministischen Verfahren gehören beispielsweise das Simplex- und das Jacob-Verfahren [31]. Die deterministischen Verfahren haben gemeinsam, dass sie sich nicht uneingeschränkt für die globale Optimierung eignen, weil sie dazu neigen, zu lokalen Minima zu konvergieren. Ein Sonderfall deterministischer Optimierungsverfahren ist die dynamische Programmierung, die in Kapitel 2.3.3 beschrieben wird. Sundström [32], Ebbesen [33], Sciarretta und Guzzella [34] und Weitere verwenden die dynamische Programmierung für die Optimierung der Betriebsstrategie von Hybridfahrzeugen (siehe Kapitel 6.1.1).

Bei stochastischen Verfahren werden die Optimierungsparameter entweder komplett zufällig erzeugt (Monte-Carlo-Methode) oder durch zielorientierte Methoden eine Konvergenz zum globalen Minimum beschleunigt. Für die Anwendung von Optimierungen von Fahrzeugauslegungen haben sich in der Technik an der Natur orientierte Optimierungsalgorithmen durchgesetzt. Ebbesen [33] und Wu [35] setzen die PSO (Particle-Swarm-Optimization) ein, um Antriebsstrangkomponenten zu optimieren. Vaillant [10] verwendet dazu den von Deb [36] entwickelten NSGAII (Nondominated Sorting Genetric Algorithm II). Manheller [37] setzt den NSGAII ein, um eine regelbasierte Betriebsstrategie (siehe Kapitel 6.1.1) zu optimieren.

In dieser Arbeit wird an drei Stellen ein Optimierungsalgorithmus eingesetzt: Für die Anpassung (Parameteranpassung) des thermischen Modells der elektrischen Maschine an Messdaten wird der NSGAII eingesetzt (siehe Kapitel 3.1.1), welcher für die multikriterielle Optimierung mit vielen Optimierungsparametern gute Ergebnisse liefert. Für die Optimierung der regelbasierten Betriebsstrategien wird aus demselben Grund ebenfalls der NSGAII eingesetzt (siehe Kapitel 6.1.1). Für die Erzeugung einer global optimalen Betriebsstrategie mit Streckenkenntnis wird die dynamische Programmierung verwendet. Der NSGAII und die dynamische Programmierung werden deshalb kurz vorgestellt.

2.3.2 NSGAII

Der NSGAII von Deb [36] ist eine Weiterentwicklung des erstmals von Holland [38] vorgestellten genetischen Algorithmus. Der NSGAII ist ein multikriterieller Algorithmus und beruht auf dem Prinzip der natürlichen Auslese.

Anfangs wird eine Anfangspopulation von N Individuen zufällig erzeugt. Diese Individuen entsprechen jeweils einem Satz an Optimierungsparametern. Für jedes Individuum werden die Zielgrößen mit der Zielfunkion berechnet.

Die Individuen werden dann anhand ihrer Fitness sortiert. Die Fitness wird durch den Rang und die crowding distance definiert. Der Rang wird über das Prinzip der Dominanz ermittelt. Dazu werden die Zielgrößen aller Individuen verglichen und gezählt, wie viele andere Individuen bezogen auf eine Zielgröße besser oder schlechter sind. Aus diesen beiden Zahlen (Anzahl Bessere und Schlechtere) wird dann der Rang berechnet. Die crowding distance gibt an, ob sich ein Individuum in einem stark bevölkerten Bereich des Lösungsraums befindet. Um eine möglichst weite Verteilung der Lösungen im Lösungsraum zu erreichen, werden Individuen mit einer größeren crowing distance (d.h. weniger eng besiedelt) bevorzugt. Die Fitness ergibt sich nun zunächst aus dem Rang und bei gleichem Rang aus der crowding distance.

Für die Fortpflanzung wird die Hälfte der Population mit der höchsten Fitness (Eltern) ausgesucht. Dazu wird zunächst nach dem Rang und anschließend nach der crowding distance sortiert.

Die ausgewählten Individuen erzeugen dann durch Vererbung und Mutation N neue Individuen. Bei der Vererbung werden die Erbinformationen (Optimierungsparameter) gekreuzt wohingegen bei der Mutation die Erbinformation eines einzelnen Elternteils „mutiert" wird. Die Population ist anschließend doppelt so groß wie die Anfangspopulation. Für die neuen Individuen werden die Zielgrößen berechnet und alle Individuen anschließend nach der Fitness sortiert. Die untere Hälfte wird gelöscht.

Anschließend beginnt die nächste Generation mit der Auswahl der Individuen mit der höchsten Fitness. Auf diese Weise bleiben mit jeder Generation bessere Individuen zurück.

Der NSGAII ist ein multikrieterieller Optimierungsalgorithmus. In dieser Arbeit wird der NSGAII mit zwei Zielgrößen verwendet. Der Ergebnisraum ist folglich zweidimensional. Die optimalen Lösungen liegen auf einer zweidimensionalen Linie, die als Paretofront bezeichnet wird. Pareto-optimale Lösungen sind so definiert, dass eine Zielgröße nur besser werden kann, wenn die andere dafür schlechter wird [31].

2.3.3 Dynamische Programmierung

Die dynamische Programmierung wurde von Bellmann [39] entwickelt und ist heute Stand der Technik bei der Berechnung von Betriebs- oder Fahrstrategien mit Streckenkenntnis. Die dynamische Programmierung beruht auf dem Prinzip der Optimalität, das besagt, dass ein globales Optimum immer aus der Summe vieler optimal gelöster Teilprobleme besteht [39].

Sundström [32] beschreibt beispielsweise die grundlegende Funktionsweise am Beispiel eines Hybridfahrzeuges, das einen Verbrauchszyklus möglichst effizient durchfahren soll:

Es gibt eine Zustandsvariable $x \in \underline{X}$, die in diesem Fall der SOC (State-of-Charge) der Batterie ist. Die Stellgröße $u \in \underline{U}$ ist der torque-split-factor, also der Faktor, mit dem das Drehmoment zwischen Verbrennungsmotor und elektrischer Maschine aufgeteilt wird. Randbedingungen geben darüber hinaus den SOC zu Anfang und Ende des Zyklus an. Da das Streckenprofil, also die Geschwindigkeit, zu jedem Zeitpunkt gegeben ist, kann die Gesamtzeit in diskrete Zeitschritte eingeteilt werden.

Die Zeit wird rückwärts durchlaufen, also vom Ende des Zyklus zum Start. Streckenkenntnis ist folglich zwingend erforderlich. Für jeden Zeitschritt k werden nun alle i möglichen Zustände von x berechnet. Daraus ergibt sich ein zweidimensionales Gitter mit den Zustandsvariablen x_k^i. Für diese Zustände x_k^i wird nun für jede mögliche Stellgröße u ein Zeitschritt (diesmal zeitlich in Richtung spät) berechnet. Eine Kostenfunktion J berechnet die Kosten für diesen Zeitschritt. Die Kosten entsprechen in diesem Fall dem Energieverbrauch. Die Kosten für die günstigste Stellgröße u werden für den Zustand x_k^i hinterlegt.

Im nächsten Zeitschritt (also zeitlich Richtung früher) werden die Kosten für jeden Zustand und Stellgröße dann aus den Kosten dieses Zeitschrittes plus die Kosten aller Zeitschritte danach bis zum Ziel berechnet (cost-to-go). Das Ergebnis der Berechnung ist ein Kennfeld mit optimalen Stellgrößen.

In einer Vorwärtsrechnung (zeitlich) wird nun der Pfad mit den geringsten Gesamtkosten ausgewählt. Weitere Informationen zur dynamischen Programmierung für die Anwendung bei Hybridfahrzeugen sind beispielsweise [32], [33] oder [40] zu entnehmen.

2.4 Zusammenfassung Grundlagen

Die Erwärmung eines Massepunktes hängt von dessen thermischer Kapazität und der Differenz von ein- und ausgehender Leistung ab. Die Wärmeleitung zwischen zwei Massepunkten wird durch den thermischen Widerstand und die treibende Temperaturdifferenz bestimmt.

Die Verluste in der elektrischen Maschine unterteilen sich in Kupfer-, Eisen-, Magnet- und Reibungsverluste. Für die Erwärmung sind die Entstehungsorte der Verlustleistungen relevant. An den Wickelköpfen entstehen Kupferverluste, im Stator Kupfer- und Eisenverluste und im Rotor entstehen Eisen- und Magnetverluste.

Sowohl steigende Kupfer- als auch Magnettemperaturen führen zu höheren Kupferverlusten.

Die wichtigsten Wärmepfade in der elektrischen Maschine sind vom Stator zum Kühlmedium, vom Stator zum Rotor, von den Wickelköpfen ins Kühlmedium und vom Wickelkopf zum Stator. Die thermischen Widerstände auf diesen Wärmepfaden sind schwierig zu bestimmen. Die temperaturkritischen Elemente der elektrischen Maschine sind die Wicklungsisolation (180 °C) und die Magnete (150 °C). Aufgrund der erhöhten Eisenverluste der untersuchten elektrischen Maschine wird die Grenztemperatur der Magnete für die Untersuchungen in dieser Arbeit auf 200 °C erhöht.

In der Leistungselektronik entstehen an den Leistungshalbleitern (IGBT und Dioden) Umschalt- und Durchlassverluste. Der wichtigste Wärmepfad geht über die Leistungshalbleiter durch das Substrat zum Kühlkörper. Die thermischen Widerstände sind schwierig zu bestimmen. Kritisch sind die maximale Temperatur der Leistungshalbleiter und die Temperaturdifferenzen der verschiedenen Komponenten eines Leistungsmoduls sowie hohe Temperaturgradienten.

Bei vielen Freiheitsgraden und eingeschränkter Zeit kann ein optimales Ergebnis nur durch Optimierungsverfahren gefunden werden. Für eine Mehrzieloptimierung bei vielen Eingangsgrößen wird in dieser Arbeit der NSGAII und für die Ermittlung einer Betriebsstrategie bei Streckenkenntnis die dynamische Programmierung eingesetzt.

3 Simulationsmodelle

Für die Untersuchung des Temperaturverhaltens des Antriebs auf der Rundstrecke und die Auswirkungen von Derating auf Rundenzeit und Fahrbarkeit ist ein Gesamtfahrzeugmodell erforderlich. Für die Ermittlung einer Betriebsstrategie werden Optimierungsalgorithmen eingesetzt. Eine schnelle und stabile Berechnung ist deshalb essentiell. Die thermischen Modelle der elektrischen Maschine und der Leistungselektronik berechnen die Temperaturen der temperaturkritischen Bauteile. Das Batteriemodell hat die Aufgabe eine Last- und SOC-abhängige Zwischenkreisspannung und den Energieverbrauch zu berechnen. Alle Simulationsmodelle sind in Matlab® umgesetzt.

3.1 Gesamtfahrzeugmodell

Als Basis für alle Antriebsmodelle dient das Gesamtfahrzeugmodell. Um eine Rundstreckenbewertung mit einer Längsdynamiksimulation durchführen zu können, wird eine Geschwindigkeitshüllkurve eingesetzt (siehe Abbildung 3.1). Diese wird durch Querdynamiksimulationen erstellt, wodurch die Geschwindigkeit in Kurven und in Bremsphasen begrenzt wird. Die dort maximal fahrbare Geschwindigkeit hängt hauptsächlich von Fahrwerk, Schwerpunktelage und Reifen des Fahrzeuges ab. Die Sollgeschwindigkeit auf den Geraden wird von einem virtuellen Fahrzeug mit deutlich höherer Leistung vorgegeben. Versucht das simulierte Fahrzeug dieser Hüllkurve zu folgen, wird es zwangsläufig auf der Geraden seine maximal verfügbare Leistung abrufen. Eingriffe in die Drehmomentfreigabe durch Derating führen deshalb zu einer Veränderung der Rundenzeit. [41]

Die tatsächlich gefahrene Geschwindigkeit ist weder einer Zeit noch einer Strecke im Voraus zuzuordnen. Akausale Simulationen, auch Rückwärtsimulationen genannt, sind deshalb nicht möglich. Bei kausaler Simulation, auch Vorwärtssimulation genannt, versucht ein Fahrerregler über ein Fahrerwunsch- und Bremsmoment der Hüllkurve zu folgen. Um den Fahrerregler zu vermeiden, wurde eine kombinierte Vorwärts- und Rückwärtssimulation verwendet. Diese wurde bereits von Wipke [42] vorgestellt.

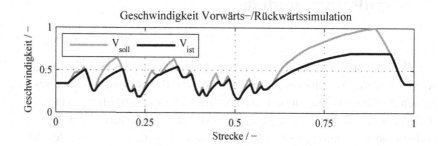

Abbildung 3.1: Kombinierte Vorwärts- und Rückwärtssimulation; Bei Divergenz von V_{ist} und V_{soll}: Vorwärtssimulation; Bei Kongruenz: Rückwärtssimulation

3.1.1 Vorwärts-/Rückwärtssimulation

Abbildung 3.2 zeigt den Programmablauf der Vorwärts-/Rückwärtssimulation.

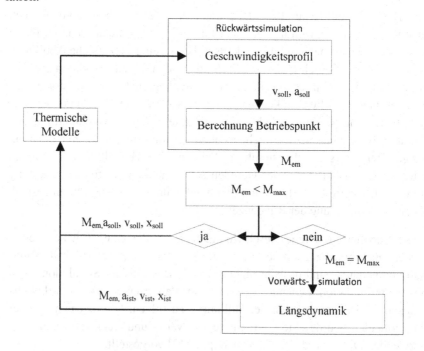

Abbildung 3.2: Programmablauf Vorwärts-/Rückwärtssimulation

Jeden Zeitschritt wird die Sollgeschwindigkeit aus einer Kennlinie ausgelesen und daraus die Sollbeschleunigung berechnet. Über die Fahrzeugmasse wird daraus eine Zugkraft an den Rädern ermittelt und diese über alle Wirkungsgrade und Übersetzungsverhältnisse, einschließlich aller Trägheitsmomente, zu einem Soll-Betriebspunkt der elektrischen Maschine überführt.

Liegt dieser Betriebspunkt innerhalb der aktuell freigegebenen Volllastkennlinie, werden alle folgenden Berechnungen wie Verlustleistungen, Temperaturen und Energieverbräuche mit diesem Betriebspunkt berechnet. Liegt der Soll-Betriebspunkt außerhalb der aktuell verfügbaren Volllastkennlinie, wird die Vorwärtssimulation aktiv. Ausgehend vom maximal verfügbaren Drehmoment wird nun, wieder unter Berücksichtigung aller Verluste etc., eine Ist-Beschleunigung ermittelt.

Das Fahrzeugmodell wird zeitdiskret berechnet, mit $dt = 0,1\,s$. Jeder Rechenschritt beginnt mit der Rückwärtssimulation.

Rückwärtssimulation

Sollgeschwindigkeit und Steigung werden aus Kennfeldern ausgelesen und anschließend die Sollbeschleunigung berechnet:

$$v_{soll} = f(x) \hspace{5cm} \text{Gl. 3.1}$$

$$\alpha_{st} = f(x) \hspace{5cm} \text{Gl. 3.2}$$

$$a_{soll} = \frac{v_{soll}(i) - v_{soll}(i-1)}{dt} \hspace{3cm} \text{Gl. 3.3}$$

v_{soll}	Sollgeschwindigkeit	$/\,m/s$
α_{st}	Steigung	$/\,°$
a_{soll}	Sollbeschleunigung	$/\,m/s^2$
i	Laufvariable diskreter Zeitschritte	$/-$

Anschließend werden die reduzierten Massen berechnet:

$$m_{red,V} = \frac{J_{rad,V}}{r_{dyn,V}^2} \qquad\qquad\qquad\qquad \text{Gl. 3.4}$$

$$m_{red,H} = \frac{J_{rad,H} + (J_{ge} + J_{em}) \cdot i_{ge}^2}{r_{dyn,H}^2} \qquad\qquad \text{Gl. 3.5}$$

$m_{red,V/H}$	reduzierte Masse Vorderachse/Hinterachse	$/\,kg$
$J_{rad,V/H}$	Massenträgheitsmoment Räder VA/HA	$/\,kgm^2$
J_{ge}	Massenträgheitsmoment Getriebe (-eingang)	$/\,kgm^2$
i_{ge}	Übersetzungsverhältnis Getriebe	$/\,-$
J_{em}	Massenträgheitsmoment elektrische Maschine	$/\,kgm^2$

Die Soll-Beschleunigungskraft des Fahrzeugs ergibt sich aus:

$$F_a = \left(m_{fzg} + m_{red,V} + m_{red,H}\right) \cdot a_{soll} \qquad\qquad \text{Gl. 3.6}$$

F_a	Beschleunigungskraft	$/\,N$
m_{fzg}	Masse Fahrzeug	$/\,kg$

Die Fahrwiderstände bestehen aus der Luftwiderstands-, der Reibungs- und der Hangabtriebkraft, siehe [43]. Die Zugkraft berechnet sich mit:

$$F_{zug} = F_a + F_{fw} \qquad\qquad\qquad\qquad \text{Gl. 3.7}$$

F_{zug}	Zugkraft	$/\,N$
F_{fw}	Fahrwiderstände	$/\,N$

Das Achsdrehmoment an der Hinterachse berechnet sich nach Gl. 3.8. Während Bremsphasen wird die Zugkraft vereinfacht im Verhältnis 2:1 auf VA und HA verteilt.

$$M_{achs,H} = \frac{2}{3} \cdot F_{zug} \cdot r_{dyn,H}$$ Gl. 3.8

$M_{achs,H}$	Achsdrehmoment HA	/ Nm
$r_{dyn,H}$	dynamischer Reifenhalbmesser HA	/ m

Nachdem die dynamische Normalkraft an der Hinterachse nach [43] berechnet wurde, kann der Schlupf mit einer linearen Approximation berechnet werden. Für die weiteren Berechnungen ist nur der Schlupf an der angetriebenen Achse relevant.

$$F_{r,H} = \mu_{max} \cdot F_{n,H}$$ Gl. 3.9

$$s_H = s_{opt} \cdot \frac{F_{zug,H}}{F_{r,H}}$$ Gl. 3.10

$F_{r,H}$	Reibkraft HA	/ N
μ_{max}	max. Reibwert	/ $-$
$F_{n,H}$	Normalkraft HA	/ N
s_H	Schlupf HA	/ $-$
s_{opt}	Schlupf bei maximalem Reibwert	/ $-$
$F_{zug,H}$	Zugkraft HA	/ N

Das Drehmoment der elektrischen Maschine wird nach Gl. 3.11 berechnet, wobei der Getriebewirkungsgrad in Bremsphasen invertiert wird. Der Getriebewirkungsgrad wird als konstant angenommen.

$$M_{em} = \frac{M_{achs,H}}{i_{ge} \cdot \eta_{ge}}$$ Gl. 3.11

M_{em}	Drehmoment el. Maschine	/ Nm
η_{ge}	Getriebewirkungsgrad	/ $-$

Drehzahl und Winkelbeschleunigung der elektrischen Maschine:

$$n_{em} = \frac{v_{ist}}{r_{dyn,H}} \cdot (1 + s_H) \cdot i_{ge} \cdot \frac{60}{2\pi}$$ Gl. 3.12

$$\dot{\omega}_{em} = \frac{a_{ist}}{r_{dyn,H}} \cdot (1 + s_H) \cdot i_{ge}$$ Gl. 3.13

$\dot{\omega}_{em}$	Winkelbeschleunigung el. Maschine	$/\,rad/s^2$

Nun wird das maximale verfügbare Drehmoment zunächst aus einer Voll-lastkennlinie ausgelesen und dann durch die Derating-Funktion modifiziert:

$$M_{max} = f(n_{em}, U_{bat})$$ Gl. 3.14

$$M_{zul} = f_{Derating}(M_{max}, \underline{T}_{em}, \dots)$$ Gl. 3.15

M_{max}	max. verfügbares Drehmoment el. Maschine	$/\,Nm$
M_{zul}	zulässiges Drehmoment el. Maschine	$/\,Nm$
n_{em}	Drehzahl el. Maschine	$/\,1/min$
U_{bat}	Batteriespannung	$/\,V$
$\underline{T}_{em}$	Temperaturen in der el. Maschine	$/\,K$

Anschließend erfolgt die Abfrage, ob das geforderte Drehmoment unterhalb des zulässigen Drehmoments der elektrischen Maschine liegt:

$$M_{em} \overset{?}{<} M_{zul}$$ Gl. 3.16

Falls ja, werden die berechneten Betriebspunkte n_{em} und M_{em} verwendet, um beispielsweise die Temperaturen der elektrischen Maschine und den Energieverbrauch zu bestimmen. Falls nein, wird von der Rückwärts- zur Vorwärtssimulation gewechselt.

Vorwärtssimulation

In der Vorwärtssimulation werden aus dem maximal verfügbaren Drehmoment die Beschleunigungskraft und die Ist-Beschleunigung berechnet:

$$F_{zug,H} = \frac{M_{zul} \cdot i_{ge}}{r_{dyn,H}} \qquad \text{Gl. 3.17}$$

$$F_a = F_{zug,H} - F_{fw} \qquad \text{Gl. 3.18}$$

$$a_{ist} = \frac{F_a}{m_{fzg} + m_{red,V} + m_{red,H}} \qquad \text{Gl. 3.19}$$

Die Geschwindigkeit und der Weg werden durch Integration bestimmt:

$$v_{ist}(\tau) = \int_{\tau=0}^{\tau} a_{ist}\, dt \qquad \text{Gl. 3.20}$$

$$x_{ist}(\tau) = \int_{\tau=0}^{\tau} v_{ist}\, dt \qquad \text{Gl. 3.21}$$

3.1.2 Integration in das Gesamtfahrzeugmodell

Die Modelle der elektrischen Maschine, der Leistungselektronik und der Batterie sind als Funktionen hinterlegt. Die Betriebspunkte wurden zuvor durch die Vorwärts-/Rückwärtssimulation bestimmt.

Die Berechnung der Kühlmitteltemperatur erfolgt im Gesamtfahrzeugmodell nach der Ermittlung der Betriebspunkte. Die Antriebskomponenten Leistungselektronik und elektrische Maschine sind in Reihe geschaltet und die Vorlauftemperatur der Leistungselektronik ist ein konstanter Wert. Die Vorlauftemperatur der elektrischen Maschine und die mittleren Temperaturen in den Kühlkörpern der Komponenten werden über die Kühlmittelwärmeströme der Komponenten, den Volumenstrom und die Wärmekapazität des Kühlmediums bestimmt. Die Kühlmittelwärmeströme werden in den Funktionen der Komponentenmodelle berechnet. Die vereinfachte Berechnung des Kühlkreislaufes ist für die Zielsetzung dieser Arbeit ausreichend.

3.2   Thermisches Modell elektrische Maschine

Die primäre Aufgabe des thermischen Modells der elektrischen Maschine ist
die Berechnung der Temperaturen kritischer Komponenten (Wickelkopf und
Rotor/Magnete). Außerdem werden der Kühlmittelwärmestrom und die
Verlustleistungen an den kritischen Komponenten ausgegeben.

3.2.1   Thermisches Netzwerk

Das thermische Modell ist ein thermisches Netzwerk. Thermische Netzweke
sind Stand der Technik für ähnliche Aufgabenstellungen mit hoher
Anforderung an die Rechengeschwindigkeit, z.b. [44], [6]. Da für diese
Arbeit die Prädiktion des thermischen Verhaltens noch nicht exitierender
elektrischer Maschinen nicht erforderlich ist, wird ein einfaches thermisches
Modell eingesetzt. Die thermischen Parameter und ein Verteilungsfaktor der
Eisen und Magnetverluste werden mittels Parameteranpassung an Messdaten
erzeugt.

Die kritischen Bauteile sind die Wickelköpfe und die Magnete. Um eine
genaue Berechnung aller wichtigen Temperaturen in unterschiedlichen
Zyklen zu gewährleisten, wird ein thermisches Modell eingesetzt, das die
entscheidenden Wechselwirkungen zwischen den Bauteilen der Maschine
abbildet. Dennoch soll das Modell möglichst wenig Freiheitsgrade besitzen,
damit eine automatisierte Parameteranpassung an Messwerte in vertret-
barerer Rechenzeit erfolgen kann.

Nachdem Hak [45] und Cezário [46] Dreipunktmodelle mit zwei bis drei
thermischen Widerständen vorschlagen, wird hier ein Vierpunktmodell mit
vier thermischen Widerständen eingeführt, das die Wechselwirkungen
zwischen Wickelkopf und Stator und zwischen Stator und Rotor besser
abbilden soll. Abbildung 3.3 veranschaulicht das Vierpunktmodell. Die vier
Massepunkte sind das Kühlmedium, die Wickelköpfe unter Ausnutzung der
Symmetrie, der Stator und der Rotor. Wickelköpfe, Stator und Rotor sind
Wärmequellen mit eingeprägten Verlustleistungen, während das Kühlmedium als Wärmesenke mit unendlicher Masse modelliert ist. Folglich ist
die Kühlmitteltemperatur innerhalb des thermischen Modells konstant und
wird bei jedem Rechenschritt über das Fahrzeugmodell vorgegeben.

Das thermische Modell ist stark vereinfacht. Die thermischen Widerstände können deshalb nicht mit analytischen Gleichungen oder numerischen Simulationen bestimmt werden. Beispielsweise wird eine homogene Temperatur des Stators angenommen, da er als einzelner Massepunkt modelliert ist. In der Realität gibt es allerdings sowohl radial als auch axial hohe Temperaturgradienten. Die Maschine müsste deshalb viel feiner aufgelöst werden (Extrembeispiel: Finite-Elemente). Oechslen [47] zeigt, dass bei physikalischer Modellierung eine axiale und radiale Diskretisierung der Massepunkte zu einer höheren Genauigkeit führt. Das Vierpunktmodell kaschiert die geringe Auflösung über die Parameteranpassung. Mittels Optimierungsverfahren werden die thermischen Widerstände und Wärmekapazitäten durch Anpassung an Versuchsergebnisse bestimmt. Diese Parameter entsprechen dann quantitativ nicht den für das Bauteil realistischen Werten, aber ermöglichen ein genaue Berechnung der Temperaturen kritischer Bauteile. Die vier thermischen Widerstände entsprechen den in Kapitel 2.2.2.5 beschriebenen Wärmepfaden.

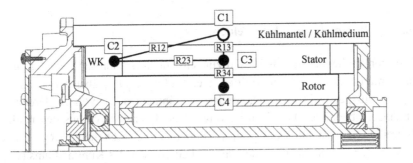

Abbildung 3.3:   Thermisches Vierpunktmodell

3.2.2   Vereinfachungen

- Wickelkopf, Stator und Rotor werden je zu einem Massepunkt zusammengefasst. Dies entspricht Bauteilen mit homogener Temperaturverteilung.
- Die Maschine wird als rotations- und achsensymmetrisch angenommen. Dadurch können die Wickelköpfe als ein Massepunkt abgebildet werden. Masse und Verlustleistung müssen verdoppelt werden.

- Die Wärmekapazität des Wickelkopfes und der Vergussmasse werden zusammengefasst.

- Das Kupfer in den Nuten und die Bleche des Stators werden zu einer Masse mit kombinierter Verlustleistung zusammengefasst.

- Die Magnete und die Rotorbleche werden zu einer Masse mit kombinierter Verlustleistung zusammengefasst.

- Die Masse des Kühlmediums wird als unendlich groß angenommen, sodass sich die Temperatur innerhalb des thermischen Modells nicht ändert.

- Die Temperatur des Massepunktes Kühlmedium entspricht der mittleren Temperatur des Kühlmediums in der elektrischen Maschine.

- Wärmeströme über die Welle oder axial in die Gehäusedeckel werden vernachlässigt, ebenso Wärmeströme an die Umgebung.

- Lager- und Luftreibungsverluste als Wärmequellen werden vernachlässigt.

3.2.3 Parameter und Kennfelder

Die thermischen Widerstände sind zunächst nicht bekannt und werden über ein Optimierungsverfahren ermittelt. Der Widerstand R_{34} über den Luftspalt ist als einziger nicht konstant, sondern vereinfacht linear von der Drehzahl abhängig abgebildet. Die dazu benötigte Gerade ergibt sich aus den beiden Extremwerten bei Drehzahl 0 (R_{34l}) und maximaler Drehzahl (R_{34h}). Die thermischen Kapazitäten werden, abgesehen von der des Kühlmediums (C_3), ebenfalls durch das Optimierungsverfahren bestimmt. Eine Parameteranpassung bei themischen Modellen mit einer geringen Anzahl an Massepunkten wurde bereits beispielsweise von Huber [48] vorgestellt.

Die Verlustleistungen werden am Prüfstand gemessen und in Form von Kennfeldern in die Simulation eingebracht.

Es gibt ein Kennfeld für Kupferverluste und ein Kennfeld für kombinierte Eisen- und Magnetverluste. Die Aufteilung zwischen Wickelkopf und Nutkupfer erfolgt mittels eines Faktors $f_{Cu,Wk}$, der über die Kupfermassen bestimmt wird. Die Kupferverlustleistung hängt sowohl von der Kupfertemperatur als auch der Magnettemperatur ab (siehe Kapitel 2.2.2.4). Dies würde zu fünfdimensionalen Kennfeldern führen und wird deshalb über Korrekturfaktoren bestimmt, um die Rechenzeit zu verkürzen. Über den annährend linearen Zusammenhang des Phasenwiderstands zur Temperatur wird ein Kupferkorrekturfaktor f_{Cu} bestimmt. Die Kupferverluste werden bei konstanter Kupfertemperatur für zwei Magnettemperaturen bestimmt. Über das Verhältnis der beiden Kennfelder zu einander wird ein Magnetkorrekturfaktor $f_{Cu,M}$ ermittelt.

Die messtechnische Ermittlung der Verlustleistungsaufteilung, insbesondere der Eisenverluste, ist nur begrenzt und mit großem Aufwand machbar. Zivotic-Kukolj [49] verwendet beispielsweise ein Search Coil für die Bestimmung der Eisenverluste im Zahn, was bei der eingesetzten elektrischen Maschine mit verteilter Wicklung nicht umsetzbar ist. In dieser Arbeit werden die Eisenverluste deshalb zunächst nicht aufgeteilt, sondern mit den Magnetverlusten in einem Kennfeld zusammengefasst. Sie werden dann über einen ebenfalls zur Optimierung freigegebenen Verteilungsfaktor auf Stator und Rotor verteilt.

$$P_2 = f_{Cu,Wk} \cdot f_{Cu}(T_2) \cdot f_{Cu,M}(T_4) \cdot \boldsymbol{P}_{V,Cu}(n_{em}, M_{em}) \qquad \text{Gl. 3.22}$$

$$\begin{aligned} P_3 = \boldsymbol{P}_{V,Fe^*} \cdot (n_{em}, M_{em}) \cdot f_{Fe} \\ + (1 - f_{Cu,Wk}) \cdot f_{Cu}(T_2) \cdot f_{Cu,M}(T_4) \\ \cdot \boldsymbol{P}_{V,Cu}(n_{em}, M_{em}) \end{aligned} \qquad \text{Gl. 3.23}$$

$$P_4 = \boldsymbol{P}_{V,Fe^*} \cdot (n_{em}, M_{em}) \cdot (1 - f_{Fe}) \qquad \text{Gl. 3.24}$$

P_i	Verlustleistung an den Massepunkten	/ $-$
$f_{Cu,Wk}$	Verteilungsfaktor Kupferverluste	/ $-$
$f_{Cu}, f_{Cu,M}$	Korrekturfaktoren Kupferverluste	/ $-$
$\boldsymbol{P}_{V,Cu}$	Kennfeld gemessene Kupferverluste	/ W
$\boldsymbol{P}_{V,Fe^*}$	Kennfeld gemessene Eisen- und Magnetverluste	/ W
T_2, T_4	Temperaturen Wickelkopf und Rotor	/ K
f_{Fe}	Verteilungsfaktor Eisenverluste	/ $-$

3.2.4   Berechnung Thermisches Netzwerk

Die Methode zur Berechnung des thermischen Netzwerks orientiert sich an Kipp [50]. Ein thermisches Netzwerk mit n Massepunkten (i) ergibt ein lineares Gleichungssystem mit n Gleichungen. Hergeleitet aus Gl. 2.1 bis Gl. 2.4, liegen Differenzialgleichungen vor:

$$\dot{T}_i + \frac{1}{C_i}\left(\sum_j\left(\frac{1}{R_{ij}}\right)\right)T_i = \frac{T_j}{C_i \cdot R_{ij}} + \frac{P_{V,i}}{C_i} \qquad \text{Gl. 3.25}$$

Die Summe der Kehrwerte der thermischen Widerstände zwischen den Massepunkten i und den angrenzenden Massepunkten j kann durch einen Ersatzwiderstand für jeden Massepunkt i substituiert werden:

$$\frac{1}{R_{i,Ers}} = \sum_j\left(\frac{1}{R_{ij}}\right) \qquad \text{Gl. 3.26}$$

Die Differenzialgleichungen aus Gl. 3.25 können durch Integration gelöst werden und es ergeben sich die Temperaturverläufe der Massepunkte als Funktion der Zeit:

$$T_i(t) = T_{i,0} \cdot e^{-\frac{t}{C_i \cdot R_{i,Ers}}} + R_{i,Ers}\left(P_{V,i} + \sum_j\left(\frac{T_j}{R_{ij}}\right)\right)$$
$$\cdot \left(1 - e^{-\frac{t}{C_i \cdot R_{i,Ers}}}\right) \qquad \text{Gl. 3.27}$$

Durch Umstellung von Gl. 3.27 erhält man ein Gleichungssystem für n Massepunkte der Form:

$$\boldsymbol{A} \cdot \underline{T} = \underline{b} \qquad \text{Gl. 3.28}$$

mit

$$A = \begin{bmatrix} 1 & -\dfrac{R_{1,Ers}}{R_{12}} \cdot (1 - x_e) & \cdots & -\dfrac{R_{1,Ers}}{R_{1n}} \cdot (1 - x_e) \\ -\dfrac{R_{2,Ers}}{R_{21}} \cdot (1 - x_e) & 1 & \cdots & -\dfrac{R_{2,Ers}}{R_{2n}} \cdot (1 - x_e) \\ \cdots & \cdots & \cdots & \cdots \\ -\dfrac{R_{n,Ers}}{R_{n1}} \cdot (1 - x_e) & -\dfrac{R_{n,Ers}}{R_{n2}} \cdot (1 - x_e) & \cdots & 1 \end{bmatrix}$$

Gl. 3.29

$$\underline{b} = \begin{bmatrix} T_{1,0} \cdot x_e + P_{V,1} \cdot R_{1,Ers} \cdot (1 - x_e) \\ \cdots \\ T_{n,0} \cdot x_e + P_{V,n} \cdot R_{n,Ers} \cdot (1 - x_e) \end{bmatrix}$$

Gl. 3.30

$$x_e = e^{-\frac{t}{C_i \cdot R_{i,Ers}}}$$

Gl. 3.31

Gl. 3.28 wird zu Gl. 3.32 umgestellt und als Funktion innerhalb des Gesamt-fahrzeugmodells für jeden diskreten Zeitschritt mit $t = dt = 0,1\ s$ gelöst. Voruntersuchungen zeigen, dass der Zeitschritt des Gesamtfahrzeugs von $dt = 0,1\ s$ zu ausreichender Genauigkeit führt [5].

$$\underline{T} = A^{-1}\,\underline{b}$$

Gl. 3.32

Der Wärmestrom ins Kühlwasser ergibt sich aus:

$$\dot{Q}_{kw} = \frac{1}{R_{12}} \cdot (T_2 - T_1) + \frac{1}{R_{13}} \cdot (T_3 - T_1)$$

Gl. 3.33

3.2.5 Parameteranpassung

Die Parameteranpassung wird als Optimierungsproblem definiert und mit dem NSGAII (siehe Kapitel 2.3.2) gelöst. Die thermischen Widerstände, die thermischen Massen und der Verteilungsfaktor sind die Optimierungspara-meter. Zielgrößen sind die Abweichungen der simulierten zu den gemesse-nen Temperaturen an Wickelkopf und Rotor. Die Zielfunktion, in diesem Fall das thermische Modell, fährt die Lastpunkte eines Zyklus nach und der

Temperaturverlauf wird berechnet. Die Temperaturabweichungen zwischen Messung und Simulation jedes Zeitschritts werden quadriert und aufsummiert (siehe Gl. 3.35 und Gl. 3.36). Die Durchführung der Parameteranpassung erfolgt in Kapitel 4.2.4.

$$\underline{y}^* = \min_{\underline{p}} \left\{ y = f\left(\underline{p}\right) \right\}$$

Gl. 3.34

$$\text{mit} \quad \underline{p} = \left(R_{12}, R_{13}, R_{23}, R_{34,l}, R_{34,h}, C_2, C_3, C_4, f_{Fe} \right)$$

$$\text{und} \quad \underline{y} = \left(F_{Wk}, F_{Rt} \right)$$

$R_{34,l}, R_{34,h}$	therm. Widerst. bei 0 und 15000 rpm	$/\,W/K$
f_{Fe}	Verteilungsfaktor Eisen- und Magnetverluste	$/\,W/K$
F_{Wk}	Abweichung Fehlerquadrat Wickelkopf	$/\,K^2$
F_{Rt}	Abw. Fehlerquadrat Rotor/Magnete	$/\,K^2$

Die Zielgrößen berechnen sich nach:

$$F_{Wk} = \frac{\sum_{i=0}^{n} \left(T_{Sim,Wk}(i) - T_{Mess,Wk}(i) \right)^2}{z}$$

Gl. 3.35

$$F_{Rt} = \frac{\sum_{i=0}^{n} \left(T_{Sim,Rt}(i) - T_{Mess,Rt}(i) \right)^2}{z}$$

Gl. 3.36

i	Laufvariable diskreter Zeitschritte	$/-$
z	Anzahl Zeitschritte	$/-$
$T_{Sim,Wk/Rt}$	simulierte Temperatur Wickelkopf/Rotor	$/\,K$
$T_{Mess,Wk/Rt}$	gemessene Temperatur Wickelkopf/Rotor	$/\,K$

3.3   Thermisches Modell Leistungselektronik

Der Hersteller der Leistungselektronik hat ein thermisches Modell in Form eines Foster-Netzwerkes und Verlustleistungskennfeldern für Diode und IGBT zur Verfügung gestellt. Foster-Netzwerke bestehen aus einer Reihenschaltung parallelgeschalteter Widerstände und Kapazitäten (RC-Glieder). Anders als thermische Netzwerke sind Foster-Netzwerk keine physikalischen, sondern mathematische Modelle – die Widerstände und Kapazitäten haben keine physikalische Bedeutung, sondern bieten Freiheitsgrade, um über eine Parameteranpassung vorgegebenen Kurven zu folgen [51]. Das gelieferte Modell berechnet die Temperaturen der IGBT und Dioden. Die Verlustleistung wird dabei sinusförmig mit der elektrischen Frequenz der elektrischen Maschine eingespeist. Damit die Temperaturen der hohen Frequenz folgen können, beinhaltet das Foster-Netzwerk RC-Glieder mit sehr kleiner Zeitkonstante, die einen deutlich kleineren Zeitschritt als den vom Fahrzeugmodell vorgegebenen erforderlich machen.

Es wird deshalb ein thermisches Netzwerk erstellt, das an das vom Hersteller gelieferte Foster-Netzwerk angepasst wird. Dabei wird auf die Temperaturamplituden, verursacht durch die Sinusschwingung der Verlustleistung in den einzelnen Phasen, verzichtet und eine gemittelte Verlustleistung eingebracht, vgl. [52]. Die Modellierung kann nun mit deutlich vergrößerten Zeitkonstanten erfolgen und bietet darüber hinaus den Vorteil, dass durch die nun physikalischen thermischen Parameter der Wärmestrom ins Kühlmedium berechnet werden kann. Da der IGBT der heißere Leistungshalbleiter ist, wird nur dessen Temperatur berechnet. Aufgrund der Symmetrie zwischen den Leistungsmodulen wird nur ein IGBT simuliert.

3.3.1   Thermisches Netzwerk

Es wird ein Dreipunktmodell mit drei thermischen Kapazitäten und zwei thermischen Widerständen eingesetzt. Die drei Massepunkte sind der IGBT, die Kühlplatte und das Kühlmedium. Das Kühlmedium wird mit unendlich großer Masse und konstanter Temperatur modelliert. Da auch bei gemittelter Verlustleistung die Zeitkonstante des IGBT sehr klein ist, wird der Zeitschritt des Leistungselektronikmodells auf $dt = 0,01\ s$ reduziert. Aufgrund der

kurzen Rechenzeit des thermischen Modells ist der Zuwachs der Gesamtre-
chenzeit vertretbar.

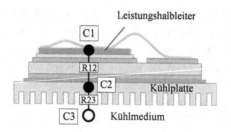

Abbildung 3.4:   Thermisches Netzwerk der Leistungselektronik

3.3.2   Vereinfachungen

- Es wird von einer Symmetrie der 12 Module ausgegangen.
- Wechselwirkungen zwischen den Modulen und auch zwischen den
  IGBT und Dioden werden vernachlässigt.
- Die Verlustleistung wird zeitlich gemittelt (über el. Frequenz).
- Nur die IGBT werden simuliert (Dioden vernachlässigt).

3.3.3   Parameter und Kennfelder

Alle Parameter, also Wärmekapazitäten und thermische Widerstände, sind
konstant und werden durch die Parameteranpassung ermittelt. Die Verlustleistungskennfelder des IGBT sind nicht gemessen, sondern durch Simulationen des Herstellers ermittelt worden. Der Quereinfluss der Verluste der
Dioden auf die IGBT wird vernachlässigt. Die Verlustleistung des IGBT ist
über eine Sinusperiode gemittelt und beinhaltet sowohl Umschalt- als auch
Durchlassverluste.

3.3.4   Berechnung Thermisches Netzwerk

Das thermische Netzwerk wird analog Kapitel 3.2.4 berechnet, mit dem ein-
zigen Unterschied, dass aufgrund der kleinen Zeitkonstanten des thermischen
Modells der Zeitschritt auf $dt = 0{,}01\ s$ reduziert ist.

3.3.5 Parameteranpassung

Für die Parameteranpassung der Leistungselektronik gibt es nur eine Zielgröße – die Temperatur des IGBT. Der NSGAII kann deswegen nicht verwendet werden. Es gibt vier Optimierungsparameter, deren Größenordnung leicht manuell gefunden werden kann. In engen Parameterschranken werden die Optimierungsparameter deshalb mit einer Rastersuche optimiert. Bei der Rastersuche werden die Optimierungsparamater in diskreten Schritten variiert, bis alle Kombinationen berechnet wurden. Anschließend wird das beste Ergebnis – bezogen auf die Zielgröße – verwendet.

Das Optimierungsproblem ist definiert als:

$$\underline{y}^* = \min_{\underline{p}} \left\{ y = f\left(\underline{p}\right) \right\} \qquad \text{Gl. 3.37}$$

mit $\underline{p} = (R_{12}, R_{23}, C_1, C_2)$

und $\underline{y} = (F_{Igbt})$

F_{Igbt}	Abweichung Fehlerquadrat IGBT	/ K^2

Die vom thermischen Netzwerk simulierten Temperaturen werden nicht an Messungen, sondern an die mit PSPICE® simulierten Temperaturen angepasst. Dazu muss auch die Temperatur des Foster-Netzwerks über die elektrische Frequenz gemittelt werden. Die Zielgröße berechnet sich nach:

$$F_{Igbt} = \frac{\sum_{i=0}^{n} \left(T_{TN,Igbt}(i) - T_{FN,Igbt}(i) \right)^2}{n} \qquad \text{Gl. 3.38}$$

$T_{TN,Igbt}$	simulierte Temperatur therm. Netzwerk IGBT	/ K
$T_{FN,Igbt}$	simulierte Temperatur Foster-Netzwerk IGBT	/ K

3.4   Batteriemodell

Die Aufgabe des Batteriemodells ist es, die Last- und SOC-abhängige Spannung und den Energieverbrauch zu bestimmen. Die Batterie wird als Spannungsquelle mit in Reihe geschaltetem Widerstand modelliert [53]. RC-Glieder, die den Spannungsabfall durch elektrochemische Reaktionen und Diffusionsprozesse abbilden, sind nicht abgebildet [54]. Die RC-Glieder, und damit die Zwischenkreisspannung, haben in dieser Arbeit keinen Einfluss auf die Verlustleistung der elektrischen Maschine, weshalb die einfache Modellierung ausreichend ist.

Die Leerlaufspannung ist in einem Kennfeld in Abhängigkeit des SOC hinterlegt. Der Widerstand wird als konstant angenommen. Die Spannung ist für alle parallelgeschalteten Stränge gleich und berechnet sich nach:

$$U_{ZK} = U_0(SOC) - R_{in,str} \cdot I_{dc,str} \qquad\qquad \text{Gl. 3.39}$$

U_{ZK}	Zwischenkreisspannung	$/V$
U_0	Leerlaufspannung, abhängig von SOC	$/V$
$R_{in,str}$	Innerer Widerstand eines Strangs	$/\Omega$
$I_{dc,str}$	Gleichstrom eines Strangs	$/A$

Die verbrauchte Energie berechnet sich über die elektrische Leistung integriert über der Zeit, wobei bei negativen Strömen (Rekuperation) der Wirkungsgrad invertiert wird.

$$W_{vbr,t}(\tau) = \int_{\tau=0}^{\tau} \frac{U_{zw} \cdot I_{dc}}{\eta_{bat}} \, dt \qquad\qquad \text{Gl. 3.40}$$

$W_{vbr,t}$	verbrauchte Energie	$/J$
I_{dc}	Gleichstrom gesamt	$/A$
η_{bat}	Lade- und Entladewirkungsgrad Batterie	$/-$

Der SOC berechnet sich nach:

$$SOC = SOC_0 \cdot \frac{W_0 - W_{vbr}}{W_0} \hspace{4cm} \text{Gl. 3.41}$$

SOC_0	SOC Start	$/ -$
W_0	Energieinhalt Start	$/ J$

3.5 Zusammenfassung Simulationsmodelle

Für die spätere Optimierung wird ein schnelles und stabiles Simulationsmodell benötigt. Das Gesamtfahrzeugmodell ist in einer Vorwärts-/Rückwärtssimulation umgesetzt, um Regler zu vermeiden und dadurch eine schnelle und stabile Simulation zu ermöglichen.

Die Temperaturen der elektrischen Maschine werden mit einem thermischen Netzwerk mit vier Massepunkten berechnet. Dabei sind nur die Temperaturen des Wickelkopfes und des Rotors bzw. der Magnete relevant. Die thermischen Widerstände und Kapazitäten werden durch eine Parameteranpassung mit dem NSGAII bestimmt. Die Verlustleistungskennfelder werden durch Messungen am Prüfstand ermittelt.

Die Temperaturen der Leistungselektronik werden ebenfalls durch ein thermisches Netzwerk berechnet und die thermischen Parameter mittels Rastersuche gefunden. Es wird nur die Temperatur des heißesten Leistungshalbleiters berechnet – des IGBT.

4 Modellvalidierung

Das Gesamtfahrzeug- und das Batteriemodell können und müssen nicht validiert werden. Sie erzeugen einen virtuellen Rahmen, in dem die Betriebsstrategie basierend auf validierten Modellen des elektrischen Antriebs entwickelt werden kann. Die Modelle der elektrischen Maschine und der Leistungselektronik werden anhand von Messungen und Simulationen validiert.

4.1 Verifizierung des Gesamtfahrzeugmodells

Für das Gesamtfahrzeug- und das Batteriemodell wird eine Plausibilisierung anhand ähnlicher Fahrzeuge durchgeführt. Hierzu wird die 0-100 km/h-Beschleunigungszeit, die Rundenzeit auf dem Nürburgring und der Energieverbrauch im NEFZ (Neuer Europäischer Fahrzyklus) betrachtet. Tabelle 4.1 fasst die Ergebnisse zusammen.

Das Fahrzeug hat ein Leistungsgewicht von 163 kW/Tonne und entspricht damit etwa einem Porsche Cayman S. Dieser benötigt für die Beschleunigung von 0-100 km/h 5,0 s [55]. Der Rückstand von 0,4 s ist durch die kleine Übersetzung des Einganggetriebes zu erklären.

Die Rundenzeit des Porsche Cayman S auf dem Nürburgring (NBR) beträgt 8:05 Minuten, was ebenfalls gut zur berechneten Zeit passt [56].

Im NEFZ verbraucht das Fahrzeug mit Beachtung eines Ladewirkungsgrads von 95 % 12,5 kWh/100km. Dieser Wert liegt ebenfalls im für elektrische Fahrzeuge bekannten Bereich. Die nicht validierten Modelle sind damit verifiziert.

Tabelle 4.1: Verifizierung Gesamtfahrzeugmodell inkl. Batteriemodell

Zeit 0-100 km/h / s	5,4
Rundenzeit NBR / mm:ss	08:03
E-Verbr. NEFZ / kWh/100km	12,5

4.2 Modellvalidierung elektrische Maschine

Die elektrische Maschine steht im Fokus der Untersuchungen. Die Validierung ist deshalb erforderlich und erfolgt anhand von Messungen auf dem Prüfstand.

4.2.1 Positionierung der Temperatursensoren

Für die in dieser Arbeit vorgestellte Methode der Parameteranpassung des thermischen Modells der elektrischen Maschine sind nicht viele Temperatursensoren erforderlich. Grundsätzlich reichen eine Wickelkopf- und eine Magnettemperatur (Rotortemperatur). Diese beiden Temperaturen sollten jeweils an der heißesten Stelle gemessen werden. Dies stellt insbesondere am Wickelkopf eine Herausforderung dar, weil die Temperaturverteilung inhomogen ist. In der elektrischen Maschine wurden deshalb vier Temperatursensoren (Pt100) in den Wickelköpfen verbaut. Drei davon auf der thermisch schlechter angebundenen Seite, auf der sich die Verschaltungen befinden, weil hier von höheren Temperaturen ausgegangen werden kann. Voruntersuchungen zeigen, dass aufgrund von Lagetoleranzen der Sensoren und auch der Sensortypen Messungenauigkeiten auftreten können [57]. In dieser Arbeit muss davon ausgegangen werden, dass die höchste gemessene Temperatur der höchsten Kupfertemperatur entspricht.

Die Rotortemperatur wurde über Back-EMF-Messungen bestimmt. Dazu wird die Messungen unterbrochen und bei offenen Klemmen die induzierte Spannung bei einer definierten Drehzahl gemessen. Mit einer vorhergehenden Kalibrierung der Klemmspannung in Abhängigkeit der Magnettemperatur (konditioniert) kann dadurch die mittlere Magnettemperatur bestimmt werden. An die gemessenen Magnettemperaturen wurde am Prüfstand ein Rotortemperaturmodell angepasst. Das für die Parameteranpassung und Validierung verwendete Rotortemperatursignal wurde folglich durch das Rotortemperaturmodell am Prüfstand berechnet und mit der Back-EMF Messung abgeglichen.

4.2.2 Messprogramm

Neben den Standardtests – wie beispielsweise die Messung von Induktivitäten, Widerständen und der induktiven Spannung bei offenen Klemmen (noload-Test) – sind für diese Arbeit hauptsächlich die folgenden Messungen wichtig:

- Wirkungsgradmessungen bei zwei Spannungslagen und unterschiedlichen Rotortemperaturen (konstante Statortemperatur) sowohl motorisch als auch generatorisch. Aus dieser Messung lassen sich die Verlustleistungskennfelder bestimmen.
- Zwei unterschiedliche komplexe Zyklen (Nürburgring und Prüfgelände (PG) Weissach) für jeweils mehr als 10 Minuten. Die Drehzahl- und Drehmomentprofile werden zuvor mit dem in Kapitel 3.1 beschriebenen Fahrzeugmodell erzeugt und dann am Prüfstand nachgefahren.

4.2.3 Bestimmung der Verlustleistungskennfelder

Für das thermische Modell (siehe Kapitel 3.2) müssen Verlustleistungskennfelder für die Kupferverluste und für die Eisen- und Magnetverluste bestimmt werden. Die Kupferverluste für die Massepunkte Wickelkopf und Stator lassen sich über die gemessenen Phasenströme und die Phasenwiderstände und eine anschließende Umrechnung über die Kupfermasse bestimmen. Einflüsse von Stromverdrängungseffekten auf die Aufteilung zwischen Nut- und Wickelkopfverlusten werden nicht betrachtet.

$$P_{V,CuW} = m_{Wk} \cdot P_{V,Cu}(I_{Ph}, R_{Ph})$$ Gl. 4.1

$$P_{V,CuN} = (1 - m_{Wk}) \cdot P_{V,Cu}(I_{Ph}, R_{Ph})$$ Gl. 4.2

m_{Wk} Masseanteil Wickelköpfe $/ -$

Eisen- und Magnetverluste können nicht direkt gemessen werden und werden deshalb über die Leistungsbilanz ermittelt:

$$P_{V,FeM} = P_{el} - P_{me} - P_{V,Cu} - P_{V,R}$$ Gl. 4.3

$P_{V,FeM}$	Kennfeld Eisen- und Magnetverluste	/ W
P_{el}	Kennfeld elektrische Leistung	/ W
P_{me}	Kennfeld mechanische Leistung	/ W

Die elektrische Leistung wird über Spannung und Strom vor der elektrischen Maschine gemessen. Die mechanische Leistung wird über Drehmoment und Drehzahl am Abtrieb der Maschine gemessen. Eine Ungenauigkeit sind die Reibungsverluste, da diese sich ohne inaktiven Rotor (ohne Magnete) nicht direkt messen lassen. In dieser Arbeit wurden die Lagerverluste analytisch nach [58] und die Luftspaltverluste numerisch mittels CFD berechnet.

4.2.4   Parameteranpassung elektrische Maschine

Für die Parameteranpassung der elektrischen Maschine wird der NSGAII verwendet. Tabelle 4.2 zeigt die Definition des Optimierungsproblems. Minimiert werden die quadratischen Abweichungen der Wickelkopf- und Rotortemperaturen über den gesamten Zeitverlauf (siehe Kapitel 3.2.5).

Tabelle 4.2:   Definition Optimierungsproblem Parameteranpassung el. Maschine

Optimierungsparameter (9)	$R_{12}, R_{13}, R_{23}, R_{34,l}, R_{34,h}, C_2, C_3, C_4, f_{Fe}$
Zielgrößen (2)	F_{Wk}, F_{Rt}

Als Zyklus für die Parameteranpassung wird der Nürburgring verwendet. Der lange und abwechslungsreiche Zyklus enthält eine Vielzahl an Betriebspunkten bei unterschiedlichen Bauteiltemperaturen, wodurch eine robuste Parameteranpassung möglich ist.

Abbildung 4.1 zeigt die Lösungen der Optimierung in der Zielebene. Die Pareto-Front ist konvex. Das ausgewählte Individuum hat die in Summe kleinste mittlere Abweichung. Die Parameterschranken sind so gewählt, dass sie die Optimierungsparameter der letzten Generation nicht einschränken.

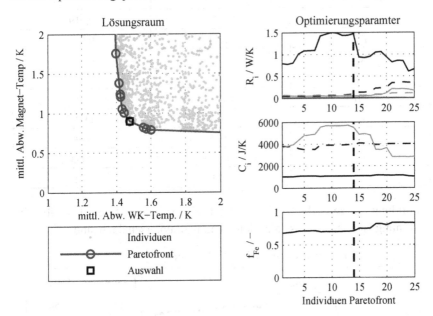

Abbildung 4.1: Ergebnisse der Parameteranpassung; links: Paretoraum mit Paretofront und ausgewähltem Individuum; rechts oben: thermische Widerstände: schwarz: R_{12}, dunkelgrau: R_{13}, hellgrau: R_{23}, schwarz gestr.: R_{45low}, grau gestr. R_{45high}; rechts mitte: schwarz: C_2, grau: C_3, schwarz gestr. C_4; rechts unten: schwarz gestr. dick: ausgewähltes Individuum

Die Optimierungsparameter des ausgewählten Individuums sind in Tabelle 4.3 zusammengefasst und den Daten des vom Hersteller der elektrischen Maschine bereitgestellten thermischen Modells gegenübergestellt. Die Parameter sind nicht direkt vergleichbar, da das Herstellermodell mit acht Massepunkten anders aufgebaut ist. Dennoch sind die Parameter ähnlich, mit Ausnahme des Widerstands R_{12}. Die Abschätzung des Herstellers bezüglich des Wärmepfades von Wickelkopf zum Kühlmedium ist entweder deutlich zu optimistisch oder der hohe thermische Widerstand aus der Parameteranpassung kompensiert auf diese Weise Fehler in Messung oder Modellierung.

Tabelle 4.3:   Ergebnis Optimierungsparameter aus Parameteranpassung el. Maschine im Vergleich mit den Daten des Herstellers

Optimierungs-parameter	Parameteranpassung	Herstellermodell
R_{12}	1,470	0,019
R_{13}	0,011	0,021
R_{23}	0,051	0,071
R_{34l}	0,093	1
R_{34h}	0,067	0,1
C_2	1097	418+500 (Verguss)
C_3	3935	6490
C_4	5516	3993
f_{Fe}	0,71	0,8

Abbildung 4.2 zeigt den zeitlichen Verlauf der Temperaturen. Die Übereinstimmung ist so hoch, dass die Linien kaum zu unterscheiden sind.

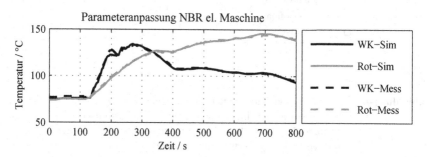

Abbildung 4.2:   Zeitverlauf der Temperaturen von Simulation und Messung im Anpassungszyklus Nürburgring (NBR) der el. Maschine

4.2.5   Validierung elektrische Maschine

In dieser Arbeit kommen grafische und merkmalbasierte Validierungstechniken zum Einsatz [59]. Der grafische Vergleich ist subjektiv und kann bei mangelndem Systemverständnis zu Fehleinschätzungen führen. Abbildung 4.3 zeigt die Zeitverläufe der Temperaturen. Die Übereinstimmung ist gut.

Tabelle 4.4 zeigt die merkmalbasierte Validierung in Form der mittleren Temperaturabweichungen und der Abweichungen der maximalen Temperaturen. Da die maximalen Temperaturen entscheidend sind, ist die Abweichung bei maximaler Temperatur wichtiger als die maximale Temperaturabweichung. Die Abweichungen der maximalen Temperaturen betragen 1,6 K für den Wickelkopf und 3,8 K für den Rotor. Die mittleren Abweichungen betragen 2,6 bzw. 2,0 K. Für die folgenden Untersuchungen werden Abweichungen < 5 K als ausreichend definiert.

Der Validierungsraum, also die Betriebspunkte, die durch die Validierung erfasst sind, entspricht weitestgehend dem Anwendungsraum, in dem das thermische Modell eingesetzt wird. Der Anwendungsraum ist in dieser Arbeit ebenfalls der Betrieb des Modells bei ähnlichen Temperaturen in ähnlichen Hochlastzyklen. Das thermische Modell der elektrischen Maschine ist damit validiert.

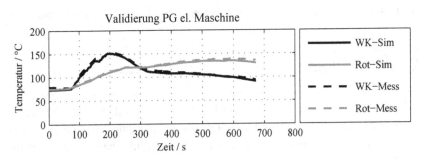

Abbildung 4.3: Zeitverlauf der Temperaturen von Simulation und Messung im Validierungszyklus PG für die grafische Validierung der el. Maschine

Tabelle 4.4: Merkmalbasierte Validierung el. Maschine

Abweichung max. Temperatur WK	Abweichung max. Temperatur Rotor	mittlere Abweichung WK	mittlere Abweichung Rotor
1,6 K	3,8 K	2,6 K	2,0 K

4.3   Modellvalidierung Leistungselektronik

Die Verlustleistungskennfelder werden nicht durch die Messung, sondern durch Berechnungen des Zulieferers erzeugt (siehe Kapitel 3.3.3). Die Leistungselektronik wurde mit keinen zusätzlichen Messstellen versehen, und die Temperatur des Überwachungssensors auf dem Leistungsmodul dient der Verifizierung des thermischen Modells der Leistungselektronik.

4.3.1   Parameteranpassung Leistungselektronik

Tabelle 4.5 zeigt die Definition des Optimierungsproblems. Minimiert wird die quadratische Abweichung der IGBT-Temperatur zwischen dem thermischen Netzwerk und dem Foster-Netzwerk über den gesamten Zeitverlauf.

Tabelle 4.5:   Definition Optimierungsproblem Parameteranpassung Leistungselektronik

Optimierungsparameter (4)	R_{12}, R_{23}, C_1, C_2
Zielgröße (1)	F_{Igbt}

Auch für die Parameteranpassung der Leistungselektronik wird der Nürburgring verwendet. Anders als zuvor liefert dieser allerdings nur die Betriebspunkte des Antriebs, also Drehmoment und Drehzahl. Daraus werden dann sowohl mit dem Foster-Netzwerk des Herstellers als auch mit dem thermischen Modell die IGBT-Temperaturen berechnet.

Tabelle 4.6 fasst die ausgewählten Optimierungsparameter zusammen. Abbildung 4.4 zeigt den dazugehörigen Zeitverlauf. Es wurde eine gute Übereinstimmung erreicht.

Tabelle 4.6:   Ergebnis Optimierungsparameter aus Parameteranpassung el. Maschine

R_{12}	R_{23}	C_1	C_2
0,195	0,07	0,21	30

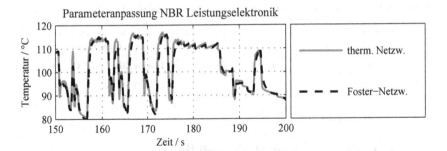

Abbildung 4.4: Verlauf der Temperaturen von Foster- und thermischem Netzwerk in einem Ausschnitt des Anpassungszyklus Nürburgring der Leistungselektronik

4.3.2   Validierung Leistungselektronik

Auch bei der Leistungselektronik werden die grafische und die merkmalbasierte Validierung angewendet. Abbildung 4.5 zeigt eine gute Übereinstimmung der beiden Simulationsmethoden. Die gemessene, gedämpfte Temperatur verifiziert die Simulation.

In Tabelle 4.7 ist die Abweichung der maximalen Temperaturen und die mittlere Abweichung quantitativ zusammengefasst. Beide Merkmale liegen unter 1 K. Das Modell kann für den Anwendungszweck als validiert betrachtet werden.

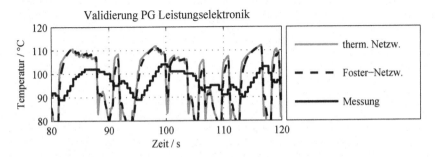

Abbildung 4.5: Verlauf der Temperaturen von Foster- und thermischem Netzwerk in einem Ausschnitt des Validierungszyklus PG für die grafische Validierung für die Leistungselektronik

Tabelle 4.7:   Merkmalbasierte Validierung Leistungselektronik

Abweichung max. Temperatur IGBT	mittlere Abweichung Temperatur IGBT
0,35 K	0,48 K

4.4   Zusammenfassung Modellvalidierung

Das Gesamtfahrzeug inklusive Batterie- und Getriebemodell kann nicht validiert werden, da sie nur virtuell existieren. Sie werden im Vergleich mit ähnlichen Fahrzeugen durch die Beschleunigungszeit, die Rundenzeit und dem Energieverbrauch im NEFZ verifiziert.

Das thermische Modell der elektrischen Maschine wird an Messwerte angepasst und anschließend validiert. Das Modell zeigt gute Übereinstimmungen mit den Messwerten.

Das thermische Modell der Leistungselektronik wird an ein Simulationsmodell des Herstellers angepasst und validiert. Die Modelle zeigen sehr gute Übereinstimmungen.

5 Theoretische Betrachtungen

Der Einfluss thermischer Eigenschaften auf die Leistungsfähigkeit des Antriebs wird untersucht. Dann wird der ideale Einsatz der Antriebsleistung auf der Strecke zunächst theoretisch untersucht und anschließend mittels dynamischer Programmierung optimiert.

5.1 Ersatzsystem

Für die theoretischen Betrachtungen werden die in Kapitel 3 beschriebenen thermischen Modelle und die in Zyklen anfallenden Verlustleistungsprofile zu einem einfachen Ersatzsystem reduziert. Dieses besteht aus Ersatzmodell und Ersatzprofil. Die maximalen erreichten Temperaturen der Ersatzsysteme sind dadurch mathematisch beschreibbar. Auf diese Weise kann der Einfluss thermischer Eigenschaften – wie die thermischen Widerstände und Wärmekapazitäten – sowie die Charakteristik des Verlustleistungsprofils auf die Leistungsfähigkeit des Systems untersucht werden. Die in Kapitel 3 beschriebenen Simulationsmodelle kann das Ersatzsystem aufgrund mangelnder Genauigkeit allerdings nicht ersetzen.

5.1.1 Ersatzmodell des thermischen Systems

Die in Kapitel 3 beschriebenen thermischen Modelle der Antriebskomponenten werden noch weiter vereinfacht und in ein oder mehrere Zweipunktmodelle überführt (siehe Abbildung 5.1). Diese Zweipunktemodelle werden als Ersatzmodelle bezeichnet. Sie entsprechen einem thermischen System, wie beispielsweise dem Wickelkopf, dem Rotor oder den Leistungshalbleitern der Leistungselektronik. Der zweite Punkt entspricht dem Kühlmedium und definiert dadurch das Temperaturniveau.

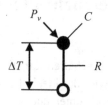

Abbildung 5.1:   Zweipunktemodell als thermisches Ersatzmodell

Die Gleichung zur Berechnung der Temperatur nach [4] in Gl. 5.1 lässt sich durch das Einführen der Temperaturdifferenz aus Gl. 5.2 zu Gl. 5.3 vereinfachen. Die Ableitung der Temperaturdifferenz entspricht dabei der Ableitung der Temperatur, weil die Kühlmitteltemperatur konstant ist. Im Folgenden wird konsequent von der Temperaturdifferenz des thermischen Systems zum Kühlmedium gesprochen.

$$C \cdot \frac{dT}{dt} + \frac{1}{R} \cdot (T - T_{km}) = P_V \qquad\qquad \text{Gl. 5.1}$$

$$\Delta T = T - T_{km} \qquad\qquad \text{Gl. 5.2}$$

$$C \cdot \frac{d\Delta T}{dt} + \frac{1}{R} \cdot \Delta T = P_V \qquad\qquad \text{Gl. 5.3}$$

C	Wärmekapazität	$/ J / K$
T	Temperatur Massepunkt	$/ K$
R	thermischer Widerstand	$/ W / K$
T_{km}	Temperatur Kühlmedium	$/ K$
P_V	Verlustleistung	$/ W$

Die Erwärmung ist von den Modellparametern Wärmekapazität, thermischer Widerstand und Verlustleistung abhängig. Die thermischen Systeme Wickelkopf, Rotor und Leistungshalbleiter lassen sich unterschiedlich gut durch das Ersatzmodell repräsentieren. Der Temperaturverlauf des Wickelkopfes lässt sich für spezielle Zyklen gut mit dem Ersatzmodell nachbilden. Ändert sich das Belastungsprofil allerdings deutlich, kommt es zu größeren Abweichungen. Der Rotor lässt sich nicht gut durch das Ersatzmodell abbilden, da seine Erwärmung stark von der Temperatur des Stators bestimmt wird, die im

Ersatzmodell nicht abgebildet ist. Der Leistungshalbleiter lässt sich sehr gut abbilden. Die Temperaturverläufe der Ersatzmodelle und der mit den thermischen Modellen simulierten Temperaturen sind in Anhang A dargestellt. Tabelle 5.1 fasst die Parameter der Ersatzmodelle zusammen, mit denen die besten Ergebnisse erzielt werden. Die Wärmekapazitäten entsprechen dabei denen der thermischen Modelle, während die Ersatzwiderstände mittels Rastersuche ermittelt werden.

Tabelle 5.1: Modellparameter der Ersatzmodelle für PG Weissach

	$C \ / \ \dfrac{J}{K}$	$R \ / \ \dfrac{W}{K}$	$RC \ / \ s$
Wickelkopf	1097	0,117	128,3
Rotor	5516	0,3	1655
Leistungshalbleiter	2	0,28	0,56

5.1.2 Ersatzprofil der Belastung

Der Antrieb eines elektrischen Sportwagens wird besonders auf der Rundstrecke thermisch stark beansprucht. Die Belastungsprofile der folgenden Rundstrecken werden untersucht:

- Nürburgring (NBR)
- Prüfgelände Weissach (PG)

Die Belastungsprofile werden mit der in Kapitel 3 beschriebenen Simulationsumgebung in Form von Verlustleistungen ermittelt, die während der Fahrt auf den oben genannten Rundstrecken auftreten. An dieser Stelle erfolgt kein Derating aufgrund thermischer Grenzen.

Abbildung 5.2 zeigt einen Ausschnitt der Verlustleistungen der Wickelköpfe (Summe der Verlustleistungen beider Wickelköpfe) in den untersuchten Belastungsprofilen, aufgetragen über der Zeit. Die Verlustleistungsprofile entsprechen annähernd periodisch wiederkehrenden Belastungsamplituden. Aus diesem Grund wird an dieser Stelle ein Rechteckprofil als repräsentatives Ersatzprofil vorgeschlagen.

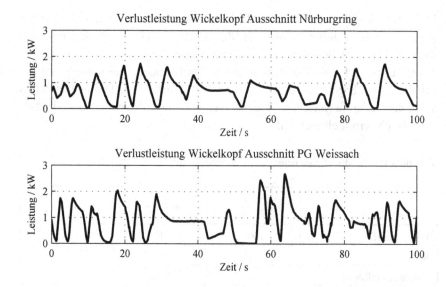

Abbildung 5.2: Verlustleistung eines Wickelkopfes in den Belastungsprofilen

Für das Ersatzprofil (siehe Abbildung 5.3) müssen nun die Periode, die Belastungsdauer und die Verlustleistungsamplitude bestimmt werden. Die Bestimmung der Parameter für das Ersatzprofil wird im Folgenden für die Wickelköpfe dargestellt.

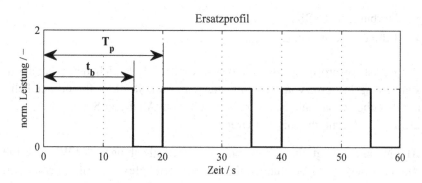

Abbildung 5.3: Normiertes Rechteckprofil mit Periode $T_p = 20\,s$ und Tastgrad $\tau_T = 0{,}75$

Die auf die Periode normierte Belastungsdauer wird nach [60] als Tastgrad bezeichnet. Die Belastungsdauer berechnet sich als Produkt des Tastgrads und der Periode:

$$t_b = \tau_T \cdot T_p$$ Gl. 5.4

t_b Belastungsdauer   / s

τ_T Tastgrad   / -

T_p Periode   / s

Für die Bestimmung der Periode wird die schnelle Fourier Transformation (engl. Fast Fourier Transformation – FFT) [61] eingesetzt, um die dominierenden Frequenzen zu isolieren. In Abbildung 5.4 sind die Ergebnisse der FFT der Belastungsprofile dargestellt. Besonders in langen und ungleichmäßigen Profilen wie dem Nürburgring ist die Isolierung dominierender Frequenzen schwierig. Es zeichnet sich jedoch ab, dass Frequenzen bis 0,4 Hz vorherrschen. Um die Periode für die nachfolgenden Untersuchungen zu bestimmen, wird die Schwerpunktlage der Amplituden ermittelt. Die Schwerpunktlagen liegen bei beiden Profilen bei 0,1 Hz. Dies entspricht einer Periode von 10 s.

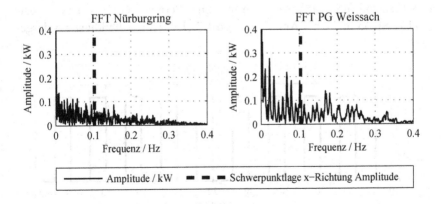

Abbildung 5.4: FFT der Verlustleistung Wickelkopf der Belastungsprofile

Der Tastgrad wird über die Analyse der mittleren Verlustleistung nach Gl. 5.5 bestimmt. Maximale und mittlere Verlustleistung werden jeweils im eingeschwungenen Zustand berechnet, da sie mit der Temperatur steigen.

$$\tau_T = \frac{P_{V,mittel}}{P_{V,max}}$$ Gl. 5.5

$P_{V,mittel}$ mittl. Verlustleistung $/\,W$

$P_{V,max}$ max. Verlustleistung $/\,W$

Die berechneten Größen des Ersatzprofils sind in Tabelle 5.2 zusammengefasst. Der berechnete Tastgrad der Belastungsprofile liegt bei 0,39 bzw. 0,45. Die Amplitude des Rechteckprofils entspricht der jeweils maximal auftretenden Verlustleistung am Wickelkopf von 1,67 bzw. 1,74 kW.

Tabelle 5.2:   Parameter für das Ersatzprofil

Belastungsprofil	Periode	Tastgrad	max. Verlustl.
Nürburgring	10 s	0,39	1,67 kW
PG Weissach	10 s	0,45	1,74 kW

Das Ersatzprofil des PG Weissach mit einer Periode von 10 s, einem Tastgrad von 0,45 und einer Amplitude von 1,74 kW ist in Abbildung 5.5 dargestellt.

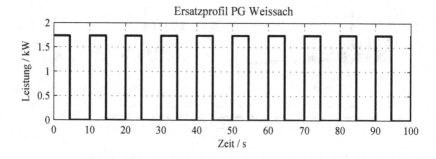

Abbildung 5.5:   Ersatzprofil PG Weissach mit $T_p = 10\,s$, $\tau_T = 0,45$ und $P_{v\_max} = 1,74\,kW$

5.1.3 max. Verlustleistung Dauerhafte Leistungsfähigkeit

In der DIN EN 60034-1 [62] sind Betriebsarten für elektrische Maschinen definiert. Die synthetischen und periodischen Betriebsarten sind schwer auf elektrische Antriebe in Kraftfahrzeugen zu übertragen, da sie in der Realität nicht vorkommen. Auf das Ersatzprofil lassen sich die Betriebsarten allerdings anwenden. Das Ersatzprofil kann, je nach Periode und Modellparametern des Massepunktes, dem Dauerbetrieb S1 oder dem Aussetzbetrieb S3 entsprechen.

Nach Schröder [11] erfolgt die Klassierung anhand der Belastungsdauer und der Zeitkonstanten (siehe Gl. 5.6) des thermischen Systems. Ist die Belastungsdauer mindestens dreimal größer als die Zeitkonstante, wird vom S1-Betrieb, ist die Zeitkonstante hingegen mindestens dreimal so groß wie die Belastungsdauer, vom S3-Betrieb gesprochen.

$$\text{Zeitkonstante:} \quad \tau = R \cdot C \quad / s \qquad\qquad \text{Gl. 5.6}$$

Die Zeitkonstanten der thermischen Systeme eines elektrischen Antriebs liegen weit auseinander. Während der Rotor eine sehr große Zeitkonstante hat, sind die der Leistungshalbleiter sehr klein. Tabelle 5.2 gibt einen Überblick über die Zeitkonstanten der Ersatzmodelle im untersuchten Antriebsstrang.

Für thermische Systeme mit sehr kleinen Zeitkonstanten ist beinahe jede im Fahrzeug auftretende Belastung ein S1-Betrieb, in dem die Beharrungstemperaturdifferenz erreicht wird. Nach Gl. 5.3 ergibt sich bei $d\Delta T / dt = 0$ die in Gl. 5.7 dargestellte Gleichung. Die Beharrungstemperaturdifferenz hängt vom Produkt der Verlustleistung und des thermischen Widerstands ab.

$$\Delta T_\infty = P_{V,max} \cdot R \qquad\qquad \text{Gl. 5.7}$$

ΔT_∞ Beharrungstemperaturdiff. $/ K$

Ist die Zeitkonstante größer und der S3-Betrieb liegt vor, wird abhängig vom Tastgrad des Ersatzprofils eine maximale Temperaturdifferenz kleiner der

Beharrungstemperaturdifferenz erreicht. Nach Schröder [11] lässt sich die maximale Temperaturdifferenz eines thermischen Systems im S3-Betrieb nach Gl. 5.8 berechnen:

$$\Delta T_{max} = P_V \cdot R \cdot \underbrace{\frac{1 - e^{-\frac{\tau_T \cdot T_p}{R \cdot C}}}{1 - e^{-\frac{T_p}{R \cdot C}}}}_{x_c} \qquad \text{Gl. 5.8}$$

ΔT_{max} max. Temperaturdifferenz   / K

Bei gegebener maximaler Verlustleistung und thermischem Widerstand hängt die maximale Temperaturdifferenz vom Tastgrad des Ersatzprofils und der thermischen Kapazität ab: Mit zunehmender thermischer Kapazität und abnehmendem Tastgrad sinkt die maximale Temperaturdifferenz.

Bei sehr großen thermischen Kapazitäten konvergiert x_c aus Gl. 5.8 gegen τ_T und die maximale Temperaturdifferenz berechnet sich nach:

$$\lim_{C \to \infty} \Delta T_{max} = P_V \cdot R \cdot \tau_T = P_{mittel} \cdot R \qquad \text{Gl. 5.9}$$

Es gibt also bei vorgegebenem Belastungsprofil und thermischem Widerstand in Abhängigkeit der thermischen Kapazität zwei Extremwerte, zwischen denen sich die maximale Temperaturdifferenz befindet. Diese beiden Extremwerte sind $\Delta T_1 = P_V \cdot R$ und $\Delta T_2 = P_V \cdot R \cdot \tau_T$. In Abbildung 5.6 ist die Temperaturdifferenz über der logarithmisch aufgetragenen thermischen Kapazität mit einer normierten Belastung von $P_V \cdot R = 1$ aufgetragen. Die beiden Extremwerte entsprechen 1 (Sektion 1) bzw. τ_T (Sektion 3). Dazwischen befindet sich ein Übergangsbereich (Sektion 2).

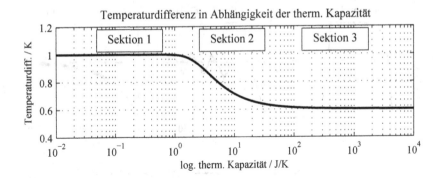

Abbildung 5.6:   Temperaturdifferenz mit $P_V \cdot R = 1$, $T = 10$ und $\tau_T = 0,6$

Abbildung 5.7 erklärt das in Abbildung 5.6 aufgezeigte Verhalten. Der Temperaturdifferenzverlauf im Ersatzprofil ist beispielhaft für jede Sektion über der Zeit aufgetragen. In Sektion 1, mit sehr kleinen thermischen Kapazitäten, wird die Beharrungstemperatur $\Delta T = 1$ innerhalb einer Periode erreicht – es liegt S1-Betrieb vor.

In Sektion 2 wird die maximale Temperaturdifferenz nach wenigen Perioden erreicht, liegt aber deutlich unter der Beharrungstemperatur.

In Sektion 3, mit sehr großen thermischen Kapazitäten, dauert es sehr lange bis die maximale Temperaturdifferenz erreicht wird – diese ist dann mit $\Delta T = \tau_T$ am geringsten.

Zu erklären ist dieses Verhalten anhand der zeitlich gemittelten Temperaturdifferenz im eingeschwungenen Zustand – diese ist für alle thermischen Kapazitäten und Sektionen gleich und ist proportional zur mittleren Belastung. Bei normierter Belastung ($P_V \cdot R = 1$) entspricht die mittlere Temperaturdifferenz dem Tastgrad. Die Unterschiede in der maximalen Temperaturdifferenz werden durch die Amplitude verursacht, die mit kleiner werdender Wärmekapazität ansteigt. Aufgrund der Beharrungstemperatur kann $\Delta T = 1$ erreicht werden. Bei sehr großen Wärmekapazitäten geht diese Amplitude gegen 0 und es stellt sich der zeitliche Mittelwert der Temperaturdifferenz ein. Die kapazitive Wirkung der Wärmekapazität wirkt wie eine Dämpfung.

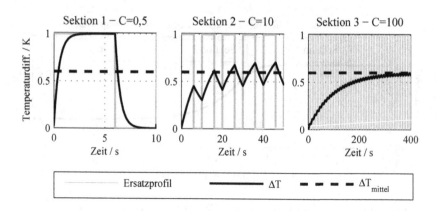

Abbildung 5.7: Temperaturdifferenz über der Zeit für verschiedene Sektionen (Wärme-kapazitäten) bei konstantem Ersatzprofil mit $P_v = R = 1$, $T = 10$ und $\tau_T = 0{,}6$

Das thermische Verhalten in den Sektionen 1-3 spiegelt qualitativ die wichtigsten thermischen Systeme des elektrischen Antriebsstrangs wieder: Halbleiter der Leistungselektronik (Sektion 1), Wickelköpfe (Sektion 2) und Rotor (Sektion 3). Je nach Ausführung kann der Wickelkopf auch in oder nahe an Sektion 3 liegen, so dass auch hier die Amplituden der Temperaturdifferenz sehr klein werden.

Entscheidend für die dauerhaften Fahrleistungen ist die maximale Verlustleistung, die bei maximal ertragbarer Temperaturdifferenz möglich ist – in Abhängigkeit von Tastgrad und Wärmekapazität. Gl. 5.10 beschreibt das Verhältnis aus ertragbarer Verlustleistungsamplitude im S3-Betrieb bezogen auf die ertragbare Verlustleistung im S1-Betrieb.

$$\frac{P_{V,S3}}{P_{V,S1}} = \frac{1 - e^{-\frac{T_p}{R \cdot C}}}{1 - e^{-\frac{\tau_T \cdot T_p}{R \cdot C}}}$$

Gl. 5.10

| $P_{V,S3}$ | max. ertragbare Verlustleistung bei S3-Betrieb | $/\,kW$ |
| $P_{V,S1}$ | max. ertragbare Verlustleistung bei S1-Betrieb | $/\,kW$ |

Abbildung 5.8 zeigt das in Gl. 5.10 beschriebene Leistungsverhältnis aufgetragen über dem Tastgrad für verschiedene Wärmekapazitäten. Die dauerhaft fahrbare Verlustleistungsamplitude steigt bei konstantem Tastgrad und konstanter Periode mit der thermischen Kapazität und konvergiert gegen den Kehrwert des Tastgrads (schwarze Linie). Gl. 5.11 ergibt sich durch Einsetzen aus Gl. 5.7 und Gl. 5.9.

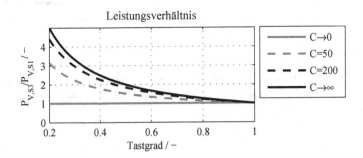

Abbildung 5.8: Leistungsverhältnis in Abhängigkeit von Tastgrad und Wärmekapazität für die Periode 10s

$$\lim_{C \to \infty} \frac{P_{V,S3}}{P_{V,S1}} = \frac{1}{\tau_T}$$

Gl. 5.11

Daraus lässt sich folgern, dass thermische Systeme eine möglichst hohe Wärmekapazität aufweisen sollten, um dauerhaft hohe Leistungsamplituden ertragen zu können. Die Leistungshalbleiter der Leistungselektronik sollten deshalb so ausgelegt werden, dass Sie die maximale Verlustleistung dauerhaft (S1-Betrieb) ertragen können.

Für den Wickelkopf ergeben sich daraus in Abhängigkeit des Tastgrads dauerhaft ertragbare Drehmomentamplituden (S3-Betrieb), die in Abbildung 5.9 über der Drehzahl aufgetragen sind. Bei $\tau_T = 1$ liegt S1-Betrieb vor und das Drehmoment entspricht dem dauerhaft ertragbaren Drehmoment. Die Abweichung gegenüber Abbildung 2.7 entsteht durch die getroffenen Vereinfachungen durch das Ersatzmodell. Mit zurückgehendem Tastgrad nähert sich die Kennlinie der Drehmomentamplitude der Kennlinie maximalen Drehmoments an.

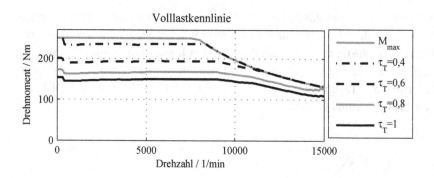

Abbildung 5.9: Dauerhaft ertragbare Drehmomentamplituden (S3) über der Drehzahl für verschiedene Tastgrade bezogen auf das Ersatzmodell des Wickelkopfes

5.2 Thermisch effiziente Beschleunigung

In diesem Unterkapitel wird untersucht, bei welchen Geschwindigkeiten und Streckenlängen sich eine Beschleunigung besonders positiv auf die benötigte Zeit für die zu fahrende Strecke auswirkt (siehe dazu auch Anhang B). Im Folgenden wird in diesem Zusammenhang vom Zeitgewinn gesprochen. Der zeitoptimale Einsatz von Antriebsenergie wurde beispielsweise von Rüger [41] untersucht.

Anschließend werden der Zeitgewinn und die bei der Beschleunigung umgesetzte Verlustenergie in Relation gesetzt. Dazu wird eine Kennzahl für thermisch effiziente Beschleunigung eingeführt – die TEB-Zahl.

Die Erkenntnisse durch die TEB-Zahl werden anschließend durch die optimale Verteilung der Antriebsleistung auf dem PG Weissach mittels dynamischer Programmierung plausibilisiert und diskutiert.

5.2.1 Zeitgewinn

Der Zeitgewinn auf einer geraden Strecke (Gerade) hängt von aktuellen Geschwindigkeit, der Beschleunigung und der restlichen Strecke der Geraden ab.

Geht man von einer Volllastbeschleunigung aus, ist die bereits gefahrene Strecke eine Funktion der aktuellen Geschwindigkeit. Die restliche Strecke hängt folglich von der Gesamtlänge der Geraden und der aktuellen Geschwindigkeit ab (siehe Abbildung 5.10).

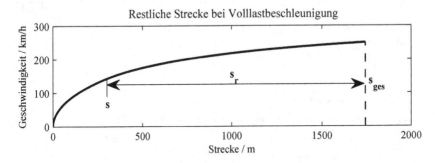

Abbildung 5.10: Restliche Strecke in Abhängigkeit der Geschwindigkeit und der Geradenlänge bei Volllastbeschleunigung

Zu jeder aktuellen Geschwindigkeit gibt es eine restliche Strecke bis zum Ende der Geraden:

$$s_r(v, s_{ges}) = s_{ges} - s(v) \qquad\qquad \text{Gl. 5.12}$$

s_r	restliche Strecke	$/\,m$
s_{ges}	Gesamtlänge der Geraden	$/\,m$
$s(v)$	aktuelle Strecke als Funktion der Geschwindigkeit	$/\,m$

Für die Berechnung des Zeitgewinns wird vereinfacht davon ausgegangen, dass bei jeder aktuellen Geschwindigkeit die zurückliegende Beschleunigung maximal war. Der Zeitgewinn kann dann als Differenz der benötigten Zeit bis zum Erreichen der Gesamtlänge mit und ohne weitere Beschleunigung berechnet werden:

$$t_0 = \frac{s_r(v, s_{ges})}{v} \qquad \text{Gl. 5.13}$$

$$t_a = \frac{s_r(v, s_{ges})}{v + a \cdot dt} \qquad \text{Gl. 5.14}$$

$$\Delta t_a = t_0 - t_a \qquad \text{Gl. 5.15}$$

$$\Delta t_a = \frac{s_r(v, s_{ges}) \cdot a \cdot dt}{v^2 + v \cdot a \cdot dt} \qquad \text{Gl. 5.16}$$

t_0	Zeit bis zur Gesamtlänge ohne Beschleunigung	/ s
t_a	Zeit bis zur Gesamtlänge mit Beschleunigung	/ s
v	aktuelle Geschwindigkeit	/ m/s
a	Beschleunigung	/ m/s²
dt	Zeitschritt für Beschleunigung	/ s
Δt_a	Zeitgewinn	/ s

Nach Gl. 5.16 ist der Zeitgewinn eine Funktion der aktuellen Geschwindigkeit und der Gesamtlänge der Geraden. Die Beschleunigung und der Zeitschritt werden auf $a = 1\,m/s$ und $dt = 1\,s$ gesetzt. Daraus resultiert ein diskreter Geschwindigkeitszuwachs von $dv = a \cdot dt = 1\,m/s$.

5.2.2 Kennzahl thermisch effizienter Beschleunigung

Mit Gl. 5.16 wird für jede Kombination der Geschwindigkeit $v \in \underline{V}$ und der Gesamtlänge der Geraden $s_{ges} \in \underline{S}_{ges}$ der Zeitgewinn für einen Geschwindigkeitszuwachs von $dv = 1\,m/s$ berechnet. Zusätzlich wird die für den Geschwindigkeitszuwachs anfallende Verlustenergie in den kritischen Komponenten berechnet. Dazu werden zunächst die Drehmomente ermittelt, die für die Fahrzustände mit und ohne Beschleunigung notwendig sind. Anschließend werden die dazugehörigen Verlustleistungen aus Kennfeldern ausgelesen.

$$M_0 = F_{fw}(v) \cdot \frac{r_{dyn}}{i_{ge}} \qquad \text{Gl. 5.17}$$

$$M_a = (F_{fw}(v) + m_{ges} \cdot a) \cdot \frac{r_{dyn}}{i_{ge}}$$
    Gl. 5.18

$$\Delta P_{V,\delta} = f(n_{em}, M_{a,\zeta}) - f(n_{em}, M_{0,\zeta})$$
    Gl. 5.19

M_0	Drehmoment für konstante Geschw.	/ Nm
M_a	Drehmoment für Beschleunigung	/ Nm
δ	Index für Wickelkopf/Rotor (Wk/Rt)	/ $-$
$\Delta P_{V,\delta}$	Differenz-Verlustleistung Wk/Rt	/ W

Das Verhältnis aus Zeitgewinn zu Differenz-Verlustenergie des thermischen Systems pro Geschwindigkeitszuwachs wird als Kennzahl thermisch effizienter Beschleunigung (TEB-Kennzahl) bezeichnet.

$$TEB_\delta = \frac{\Delta t}{\Delta P_{V,\zeta} \cdot dt} = \frac{\Delta t}{\Delta W_{V,\zeta}}$$
    Gl. 5.20

TEB_δ	Kennzahl thermisch effizienter Beschl. Wk/Rt	/ s/kJ
$\Delta W_{V,\delta}$	Differenz-Verlustenergie Wk/Rt	/ kJ

Abbildung 5.11 zeigt Kennfelder des Zeitgewinns und der TEB-Kennzahlen für Wickelkopf und Rotor. Der Zeitgewinn fällt mit steigender Geschwindigkeit und sinkender Gesamtlänge der Geraden ab. Durch den zusätzlichen höheren Energieeinsatz für den Geschwindigkeitszuwachs bei hohen Geschwindigkeiten wird dieser Effekt bei der TEB-Kennzahl noch verstärkt. Daraus folgt, dass eine thermisch effiziente Beschleunigung bei möglichst niedrigen Geschwindigkeiten und langen Geraden erfolgen sollte. Umgekehrt bedeutet dies, dass sich eine weitere Beschleunigung bei sehr kurzen Geraden und hohen Fahrzeuggeschwindigkeiten nicht empfiehlt.

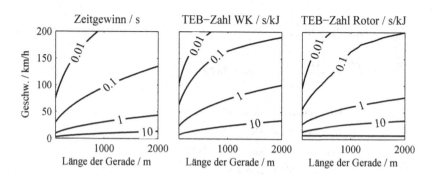

Abbildung 5.11: Zeitgewinn und TEB-Kennzahl für Wickelkopf und Rotor

5.3 Optimale Verteilung der Antriebsleistung

Für die gesuchte Betriebsstrategie dieser Arbeit soll keine Streckenkenntnis vorausgesetzt werden. Dennoch ist es im Rahmen der theoretischen Betrachtungen von Interesse, die global optimale Verteilung der Antriebsleistung über die Rundstrecke zu ermitteln. Zu diesem Zweck wird die in Kapitel 2.3.3 beschriebene dynamische Programmierung eingesetzt.

5.3.1 Umsetzung der Rundstreckenoptimierung

Die Umsetzung der dynamischen Programmierung basiert auf dem in Sundström [32] vorgestellten Programm der ETH Zürich. Anders als bei der von Sundström beschriebenen Optimierung des Hybridfahrzeugs, kann für die Anwendung der Rundstreckenoptimierung keine zeitliche Diskretisierung erfolgen, da die Zeit eine Optimierungsgröße darstellt. Deshalb wird die Strecke in diskrete Streckenabschnitte unterteilt. Den einzelnen Streckenabschnitten kann im Voraus keine Geschwindigkeit zugeordnet werden, da diese von der Stellgröße der Optimierung abhängt. Eine Rückwärtsrechnung ist deshalb nicht möglich und es wird durchgehend eine Vorwärtsrechnung eingesetzt.

Die Zustandsgrößen sind die Geschwindigkeit und die Temperatur des Wickelkopfes. Die Temperatur des Wickelkopfes ist außerdem eine Nebenbedingung. Um eine größere Anzahl an Zustandsgrößen zu vermeiden, wird hier das Ersatzmodell des Wickelkopfes und nicht das Vierpunktmodell verwendet.

Die Rechenzeit steigt mit der Anzahl der Zustandsgrößen exponentiell an. Die Stellgröße ist das relative Drehmoment, das multipliziert mit dem maximalen Drehmoment das zulässige Drehmoment ergibt.

Die Zustandsgrößen berechnen sich nach:

$$x_{1,k+1} = f\left(u_k, x_{1,k}\right) + x_{1,k} \qquad \text{Gl. 5.21}$$

$$x_{2,k+1} = f\left(u_k, x_{2,k}, x_{1,k}\right) + x_{2,k} \qquad \text{Gl. 5.22}$$

x_1	Zustandsgröße 1: Geschwindigkeit	$/\,m/s$
x_2	Zustandsgröße 2: Temperatur Wk	$/\,K$
u	Stellgröße: rel. Drehmoment	$/-$
k	Laufvariable Streckenabschnitt	$/-$

Die Kostenfunktion besteht aus der Zeit und dem Energieverbrauch, wobei die Zeit hier höher gewichtet wird ($w_1 > w_2$).

$$J_r = \sum_{k=0}^{N-1} w_1 \cdot \Delta t(u_k, x_{1,k}, k) + w_2 \cdot \Delta W(u_k, x_{1,k}, x_{2,k}, k) \qquad \text{Gl. 5.23}$$

J_r	Kostenfunktion	$/-$
$w_{1/2}$	Gewichtung	$/-$
Δt	Zeit pro Streckenabschnitt	$/\,t$
ΔW	Energieverbrauch pro Streckenabschnitt	$/\,J$

Das Optimierungsproblem ist definiert als:

$$\min_{u_k \in \underline{U}_k} J_r \qquad \text{Gl. 5.24}$$

Die Diskretisierung der Strecke erfolgt in $\Delta s = 1\,m$ Abschnitten. Es gibt eine untere und eine obere Grenze der Zustandsvariable Geschwindigkeit über der Strecke, die jeweils mit 80 und 120 % Antriebsleistung berechnet wurden. Der Rand des Wertebereichs wird nicht erreicht. Gegenüber einem Wertebereich von 0 bis zur Höchstgeschwindigkeit ist die Diskretisierung feiner, bei gleichzeitig reduzierter Rechenzeit. Abbildung 5.12 zeigt die Geschwindigkeitsgrenzen und den sich daraus ergebenden Wertebereich für das PG Weissach.

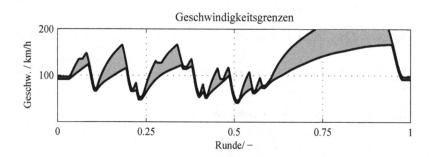

Abbildung 5.12: Grenzen bei 80 und 120 % Antriebsleistung und dazwischen der Wertebereich für die Zustandsgröße Geschwindigkeit für das PG Weissach

Die Zustandsgröße Wickelkopftemperatur und die Stellgröße haben feste Grenzen.Tabelle 5.3 fasst die Wertebereiche zusammen.

Tabelle 5.3:   Grenzen und Wertebereiche der Zustands- und Stellgrößen

Variable	Startwert k=0	Endwert k=N-1	Wertebereich	Diskretisierung
k	0	2750	0...2750	2751
x_1	27 m/s	22...27 m/s	siehe Abbildung 5.12	101
x_2	174 K	< 180 K	170...180 K	31
u	1	0...1	0...1	21

Während der Bremsphasen sind die negative Verzögerung und das generatorische Drehmoment nicht direkt proportional, da das Bremssystem die Möglichkeit hat, die Bremsleistung zwischen der mechanischen und der elektromotorischen Bremse aufzuteilen.

Die Stellgröße (rel. Drehmoment) hat deshalb keinen Einfluss auf die Verzögerung, sondern nur auf die generatorisch zurückgewonnene Energie, also auf die Kostenfunktion. Die Verzögerung des Fahrzeugs wird anhand einer Beschleunigungs-Kennlinie berechnet.

Eine weitere Vereinfachung gegenüber dem Gesamtfahrzeugmodell ist das Vernachlässigen des Reifenschlupfs, der eine weitere Zustandsgröße darstellen würde. Der Reifenschlupf beeinträchtigt die qualitative Aussage dieser Untersuchung nicht.

5.3.2 Ergebnisse der Rundstreckenoptimierung

Abbildung 5.13 zeigt das Ergebnis der Rundstreckenoptimierung auf dem PG Weissach. Die Diagramme auf der linken Seite zeigen die Geschwindigkeit, den Betrag des relativen Drehmoments und die Temperatur des Wickelkopfs auf einer Runde. Auffällig ist, dass die Temperatur in der ersten Hälfte relativ niedrig gehalten wird, um dann auf der langen Geraden zur Grenztemperatur anzusteigen. Die thermische Kapazität des Wickelkopfs wird dazu genutzt, auf der Geraden das maximale relative Drehmoment absetzen zu können. Dieses Verhalten bestätigt die Erkenntnis durch die TEB-Kennzahl, dass ein großer Zeitgewinn bei maximaler Beschleunigung besonders auf langen Geraden erzielt werden kann.

Die Diagramme rechts zeigen einen Ausschnitt der Runde im mittleren Geschwindigkeitsbereich. Bei langsamen Geschwindigkeiten wird zunächst das maximale relative Drehmoment freigegeben. Kurz vor Erreichen der maximalen Geschwindigkeit wird das relative Drehmoment zurückgenommen. Auch dieses Verhalten ist durch eine Erkenntnis durch die TEB-Kennzahl erklärbar: Auf kürzeren Geraden lohnt sich eine maximale Beschleunigung, wenn die Fahrzeuggeschwindigkeit gering ist. Andererseits lohnt sich die Beschleunigung kaum noch, wenn die Reststrecke kurz ist. Das relative Drehmoment wird folglich vor dem Erreichen der Bremsphase reduziert, um die Temperatur des Wickelkopfs abzusenken. Während der Bremsphasen ist das relative Drehmoment ebenfalls gering, weil in der Kostenfunktion die Rundenzeit höher gewichtet ist als der Energieverbrauch.

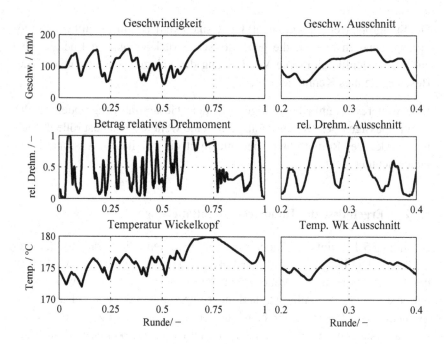

Abbildung 5.13: Ergebnisse der dynamischen Programmierung PG Weissach

Die Rundstreckenoptimierung mittels dynamischer Programmierung bestätigt die Erkenntnisse durch die TEB-Kennzahl. Für den Fahrer wäre eine Begrenzung des zulässigen Drehmoments in dieser Art allerdings nicht nachvollziehbar, da das Fahrzeug beispielsweise vor Ende der Geraden plötzlich das zulässige Drehmoment stark reduzieren würde. Die dynamische Programmierung im Rundstreckenbetrieb einzusetzen würde bei vorausgesetzter Streckenkenntnis folglich nur Sinn ergeben, wenn ausschließlich die Rundenzeit und nicht die Fahrbarkeit im Fokus stehen würde. Der Fahrer würde dadurch allerdings entmündigt. Derating durch dynamische Programmierung empfiehlt sich deshalb in Kombination mit automatisierter Längsführung.

5.4   Zusammenfassung theoretische Betrachtungen

Die einzelnen Komponenten des Antriebs, wie beispielsweise der Wickel-kopf oder der Rotor, werden in vereinfachte thermische Ersatzmodelle (Zweipunktemodelle) überführt. Die Verlustleistungsprofile des Wickelkop-fes während simulierter Rundstreckenfahrten werden in repräsentative Er-satzprofile in Form von Rechteckprofilen transformiert. Mit den Ersatzprofi-len und den Ersatzmodellen können grundlegende Untersuchungen bezüglich der dauerhaft ertragbaren Leistungsamplitude durchgeführt werden. Eine möglichst große Wärmekapazität führt zur höchsten dauerhaften Leistungs-fähigkeit in periodischen Profilen. Sehr kleine Wärmekapazitäten dagegen führen bei fast jeder realen Belastung zum S1 Dauerbetrieb, wodurch die maximal ertragbare Leistungsamplitude der Dauerleistung entspricht. Eine sehr kleine Wärmekapazität haben im untersuchten System die Leistungs-halbleiter der Leistungselektronik. Die Empfehlung lautet deshalb, die Leis-tungselektronik so auszulegen, dass sie die maximal verfügbare Leistung dauerhaft erträgt. Wickelkopf und Rotor haben vergleichsweise hohe Wär-mekapazitäten, so dass sie die mittlere Verlustleistung eines Belastungspro-fils dauerhaft ertragen müssten, um ihre Temperaturgrenzen nicht zu über-schreiten.

Mit der aktuellen Geschwindigkeit und der Gesamtlänge einer Geraden kann der Zeitgewinn für eine Beschleunigung berechnet werden. Geteilt durch die bei dieser Beschleunigung umgesetzte Verlustenergie, lässt sich die thermi-sche Effizienz der Beschleunigung berechnen. Dazu wird eine Kennzahl für thermisch effiziente Beschleunigung (TEB-Kennzahl) eingeführt. Die TEB-Kennzahl sagt aus, dass sich eine Beschleunigung besonders bei langsamer aktueller Geschwindigkeit oder bei langen Geraden lohnt. Daraus resultiert, dass eine optimale Verteilung der Antriebsleistung auf die Rundstrecke nur bei Streckenkenntnis erfolgen kann.

Um dies zu verdeutlichen, wird die Verteilung der Antriebsleistung auf dem PG-Weissach mittels dynamischer Programmierung optimiert. Die Untersu-chungen bestätigen die theoretischen Ergebnisse der TEB-Kennzahl: Bei kürzeren Geraden wird die Beschleunigung gegen Ende der Geraden und mittleren Geschwindigkeiten frühzeitig ausgesetzt. Bei der langen Geraden wird dagegen maximal beschleunigt bis zur Höchstgeschwindigkeit.

Die Verteilung der Antriebsleistung durch die dynamische Programmierung ist für den Fahrer nicht nachvollziehbar und wird deshalb nur bei automatisierter Längsführung empfohlen.

6 Betriebsstrategien

Der Begriff Betriebsstrategie wird meist im Zusammenhang mit Hybridfahrzeugen verwendet. Zweck der Betriebsstrategie bei Hybridfahrzeugen ist die Verteilung der durch Fahrprofil und Fahrer geforderten Antriebsleistung auf den verbrennungsmotorischen und elektrischen Pfad. Zusätzlich muss oft ein ausgeglichener SOC zu Anfang und Ende des Zyklus erreicht werden [34].

In dieser Arbeit werden Betriebsstrategien untersucht, die die mechanische Leistung des elektrischen Antriebs so einstellen, dass das Fahrzeug in Hochlastzyklen so schnell wie möglich gefahren werden kann. Dabei darf der Antrieb nicht überhitzen oder der Fahrer starke Schwankungen in den Fahrleistungen wahrnehmen.

Zunächst wird ein Überblick über Betriebsstrategien für Hybridfahrzeuge gegeben und das Prinzip des Deratings erklärt. Anschließend werden Anforderungen an die Betriebsstrategie abgeleitet und eine Bewertungsgröße für die Fahrbarkeit eingeführt – die Schwankungszahl. Aus einer Übersicht an möglichen Betriebsstrategien wird anhand der Anforderungen eine Auswahl getroffen. Zuletzt werden die ausgewählten und in Kapitel 7 bewerteten Betriebsstrategien beschrieben und als Optimierungsprobleme definiert.

6.1 Grundlagen

In diesem Unterkapitel wird ein Überblick über den Stand der Technik der Betriebsstrategien für Hybridfahrzeuge gegeben und anschließend das Prinzip des Deratings erklärt.

6.1.1 Betriebsstrategien für Hybridfahrzeuge

Betriebsstrategien lassen sich nach Görke [63] in akausale und kausale Betriebsstrategien unterscheiden. Die akausalen Betriebsstrategien sind auf Streckenkenntnis angewiesen und führen durch numerische Algorithmen wie die dynamische Programmierung zur global optimalen Lösung [32], [64]. Aufgrund der benötigten Streckeninformationen und des hohen Rechenaufwands wurden diese zunächst für den Benchmark anderer Betriebsstrategien eingesetzt [65]. Durch Streckenprädiktion kann die akausale dynamische Programmierung bedingt auch im Fahrzeug angewendet werden. Die Prädiktion des Fahrzyklus erfolgt durch GPS und hochaufgelöste Streckendaten. Für einen von Back [40] als gleitender Horizont bezeichneten Zeitraum werden Fahrzeuggeschwindigkeit, Beschleunigung und Steigung prädiziert. Innerhalb des Zeitraums werden mittels dynamischer Programmierung die Leistungsverteilung und der Gang so gewählt, dass der minimale Verbrauch bei ausgeglichenem SOC erreicht wird. Mit steigender Länge des gleitenden Horizonts steigt das Potential der Betriebsstrategie, während die Genauigkeit der Prädiktion sinkt.

Kausale Betriebsstrategien lassen sich in heuristische (regelbasierte) und lokal optimierte Betriebsstrategien gliedern. Bei den heuristischen Betriebsstrategien geschieht die Einteilung der Hybridfunktionen anhand von Kennzahlen oder Kennfeldern, die entweder manuell oder anhand von Offline-Optimierungen erzeugt wurden [66]. Der Vorteil des Verfahrens ist die einfache Umsetzung und der geringe Rechenaufwand im Steuergerät. Nachteilig ist, dass die Regeln nur für einzelne Zyklen optimiert werden können.

Die lokal optimierten Betriebsstrategien minimieren den Energieverbrauch in jedem Zeitschritt durch Lösen einer Kostenfunktion, die die Kosten für verbrennungsmotorische und elektrische Leistung darstellt. In diesem Zusammenhang wird meist die Equivalent Consumption Minimization Strategy (ECMS) genannt. Der Rechenaufwand der ECMS ist nach [34] steuergerätetauglich. Die Güte der Minimierung ist vom Äquivalenzfaktor abhängig, der die Vergleichbarkeit des Energieverbrauchs des verbrennungsmotorischen und elektrischen Pfads herstellt. Dieser wird oft als konstant angenommen, hängt aber ebenfalls vom Fahrzyklus ab. Die Anpassung des Äquivalenzfaktors kann durch eine Mustererkennung (pattern recognition) verbessert werden. Weitere Informationen über die verschiedenen Betriebsstrategien geben z.B. Sciarretta und Guzzella [67].

6.1.2 Derating

In einem batterieelektrischen Fahrzeug kann es aus vielen Gründen zu einer Leistungsdegradation, also zu Derating kommen: Die mit sinkendem SOC sinkende Batteriespannung führt zu einer proportional sinkenden Leistung der elektrischen Maschine. Tiefe Batterietemperaturen führen dagegen zu sinkender Leistung der Batterie selbst, weil die für die Energiewandlung notwendigen chemischen Prozesse langsamer ablaufen [68].

In dieser Arbeit wird unter Derating die aktive Leistungsdegradation zum Schutz der Komponenten des elektrischen Antriebs vor Überhitzung verstanden. Da sich die Arbeit auf den elektrischen Antrieb konzentriert und die Leistungselektronik nicht temperaturkritisch ausgelegt ist, wird nur Derating der elektrischen Maschine betrachtet. Die temperaturkritischen Komponenten der elektrischen Maschine sind der Wickelkopf und die Magnete im Rotor (siehe Kapitel 2.2.2.5). Wickelkopf und Rotor werden im Folgenden als die „kritischen Komponenten" und durch diese ausgelöstes Derating als Wickelkopf- bzw. Rotor-Derating bezeichnet.

Im Stand der Technik wird die freigegebene Leistung oder das Drehmoment ab bestimmten Schwelltemperaturen in Abhängigkeit der Temperatur reduziert [69].

Diese Schwelltemperaturen werden in dieser Arbeit als Derating-Temperaturen bezeichnet. Die Temperatur an Wickelkopf oder Stator wird meist durch Temperatursensoren ermittelt, während die Rotortemperatur über ein Rotormodell berechnet wird. Es entsteht ein geschlossener Regelkreis, indem die Führungsgröße die Grenztemperatur, die Stellgröße die freigegebene Leistung (oder das Drehmoment) und die Regelgröße die Temperatur der jeweiligen Komponente sind. Die Stellgröße wird meist nicht anhand der Regelabweichung sondern durch Kennlinien oder Kennfelder in Abhängigkeit der Führungsgröße ermittelt. Abbildung 6.1 zeigt den Regelkreis der Standard-Strategie.

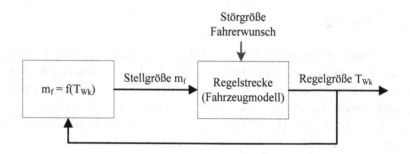

Abbildung 6.1: Regelkreis Derating; m_f: relatives Drehmoment, T_{Wk}: Wickelkopftemperatur

Die Regelung unterscheidet sich von einem gewöhnlichen Regelkreis, weil die Stellgröße nur eine Obergrenze darstellt und der Fahrerwunsch als Störgröße direkt auf die Regelgröße wirkt.

Abbildung 6.2 zeigt eine lineare Derating-Kennlinie. Das relative Drehmoment ist die Stellgröße in Abhängigkeit der Regelgröße – der Wickelkopftemperatur. Das relative Drehmoment multipliziert mit dem drehzahlabhängigen Drehmoment der Volllastkennlinie ergibt das zulässige Drehmoment (siehe Gl. 6.1).

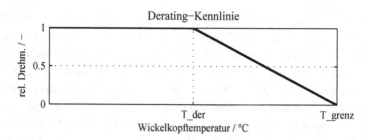

Abbildung 6.2: Derating als lineare Funktion der Temperatur; T_der: Derating-Temperatur, T_grenz: Grenztemperatur

$$M_{zul} = m_f \cdot M_{max}(n)$$

Gl. 6.1

M_{zul}	zulässiges Drehmoment	$/ Nm$
m_f	relatives Drehmoment	$/ -$
$M_{max}(n)$	max. Drehmoment über Drehzahl	$/ Nm$

Komplexe Derating-Strategien im eigentlichen Sinne einer Betriebsstrategie sind in der Literatur kaum zu finden. Lemmens [70] entwickelt beispielsweise eine Derating-Strategie, bei der bei Erreichen der Grenztemperatur die Regelung der elektrischen Maschine wirkungsgradoptimal erfolgt. Eine Betriebsstrategie, die die Fahrleistungen oder die Fahrbarkeit optimiert, ist bislang nicht bekannt.

6.2 Anforderungen an die Betriebsstrategie

An die Betriebsstrategie werden verschiedene teils widersprüchliche Anforderungen gestellt. Es gibt fünf Haupt- und anschließend zwei Nebenanforderungen:

Tabelle 6.1: Haupt- und Nebenanforderungen an die Betriebsstrategie

Hauptanforderungen	Nebenanforderungen
Fahrleistungen (Rundenzeit)	hohe Eintrittstemperatur
Fahrbarkeit	Transparenz
Energieverbrauch	
Adaptierbarkeit	
keine Streckenkenntnis	

Hauptanforderungen

Die zentralen Anforderungen sind die dauerhaften Fahrleistungen und die Fahrbarkeit. Die Fahrleistungen werden quantitativ durch die Rundenzeit ausgedrückt. Die Fahrbarkeit entspricht der Reproduzierbarkeit der Reaktion des Antriebs auf den Fahrerwunsch. Eine reine Optimierung hinsichtlich der

Rundenzeit (ohne Streckenkenntnis) würde dazu führen, dass die Temperatur der kritischen Komponenten immer möglichst hoch wäre. Das thermische Potential wäre damit maximal ausgenutzt. Um die Bauteil-Temperatur auf die Grenztemperatur zu regeln, muss die zulässige Antriebsleistung dynamisch gestellt werden. Dies würde zu einer starken Reduzierung der Fahrbarkeit führen. Es besteht also ein Zielkonflikt bezüglich der zentralen Anforderungen.

Eine weitere Anforderung ist der Energieverbrauch. Um die Rundenzeit und die Fahrbarkeit zu verbessern, kann die Rekuperation von Energie in Bremsphasen reduziert werden (generatorischer Betrieb). Der Antrieb kann in Bremsphasen thermisch regenerieren, wodurch während der nächsten Beschleunigungsphase aufgrund der Wärmekapazitäten kurzzeitig eine höhere Antriebsleistung zur Verfügung gestellt werden kann. Der Energieverbrauch beeinflusst die Fahrleistungen und die Fahrbarkeit in gleichem Maße.

Die drei genannten Hauptanforderungen müssen sich an verschiedene Fahrzyklen adaptieren können und nicht nur auf einen speziellen Zyklus optimiert sein. Eine harte Anforderung ist, dass die Betriebsstrategie ohne Streckenkenntnis funktionieren muss.

Nebenanforderungen

Bei niedrigeren mittleren Belastungen, also bei sportlichen Fahrten im Gebirge oder laienhafter Fahrweise auf der Rundstrecke, sollte wenn möglich kein Derating eintreten. Die Eintrittstemperatur sollte folglich möglichst hoch sein.

Die Eingriffe der Betriebsstrategie sollen für den Fahrer stets nachvollziehbar sein. Durch diese Transparenz wird die empfundene Reproduzierbarkeit stark verbessert. Darüber hinaus gibt die frühzeitige Ankündigung dem Fahrer die Möglichkeit, Derating durch angepasste Fahrweise zu verhindern.

6.3   Bewertung der Fahrbarkeit

Die Zielsetzung der Betriebsstrategie sieht vor, dass der Fahrer keine starken Schwankungen der zur Verfügung stehenden Fahrleistungen wahrnimmt. Es muss deshalb ein Maß für die Fahrbarkeit eingeführt werden, anhand dessen die Betriebsstrategien optimiert und bewertet werden können.

6.3.1 Bewertungsgröße

Die in Kapitel 6.1.2 vorgestellte Derating-Methode basiert darauf, das relative Drehmoment mit steigender Temperatur zu reduzieren. Durch das relative Drehmoment wird eine modifizierte Volllastkennlinie erzeugt. Abbildung 6.3 zeigt die modifizierte Volllastkennlinie für ein relatives Drehmoment von 0,75, eingetragen in ein Verlustleistungsdiagramm. Soll das relative Drehmoment als Bewertungsgröße eingesetzt werden, muss es auf eine vorab festgelegte Volllastkennlinie bezogen sein, die sich nicht mit der Batteriespannung ändert (z.B. 80 % SOC und Leerlaufspannung). Bei konstantem relativen Drehmoment ist die Fahrbarkeit gut, der Fahrer nimmt keine Schwankungen der Antriebsleistung wahr.

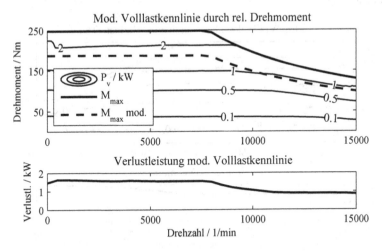

Abbildung 6.3: Oben: Verlustleistung des Wickelkopfes bei 100° C mit mod. Volllastkennlinie bei rel. Drehmoment von 0,75 (gestrichelt). Unten: Verlustleistung entlang der mod. Volllastkennlinie

Das untere Diagramm in Abbildung 6.3 zeigt, dass die Verlustleistung entlang der modifizierten Volllastkennlinie mit der Drehzahl abnimmt. Für die Erwärmung der thermischen Systeme ist jedoch hauptsächlich die eigene

Verlustleistung verantwortlich. Im Falle des Wickelkopfes entstehen Ohm'sche Verluste, die lastabhängig sind. Das in Kapitel 6.1.2 beschriebene Derating wird deshalb bei steigender Drehzahl das relative Drehmoment erhöhen, weil bei konstantem relativem Drehmoment die Temperatur aufgrund der zurückgehenden Verlustleistung (siehe Kapitel 2.2.2.2) sinkt. Wenn dies reproduzierbar bei zunehmender Drehzahl passiert, ist die Fahrbarkeit nicht beeinträchtigt.

Abbildung 6.4 zeigt eine modifizierte Volllastkennlinie, die bei konstant 1500 W Verlustleistung im Wickelkopf entsteht. Im unteren Diagramm ist das entlang dieser Kennlinie ansteigende relative Drehmoment eingezeichnet. Obwohl die durch die Verlustleistung modifizierte Volllastkennlinie fixiert und die Fahrbarkeit folglich gut ist, verändert sich das relative Drehmoment mit der Drehzahl. Wird diese Änderung akkumuliert, führt das zu einer ungerechtfertigten Abwertung der Betriebsstrategie. Das relative Drehmoment kann deshalb nicht als Bewertungsgröße der Fahrbarkeit verwendet werden.

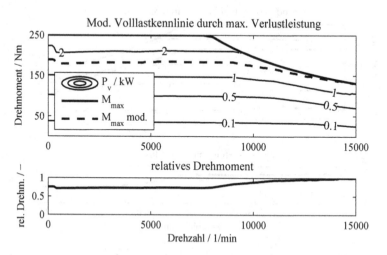

Abbildung 6.4:   Oben: Verlustleistung des Wickelkopfes bei 100° C mit mod. Volllastkennlinie bei 1500 W Verlustleistung (gestrichelt). Unten: relatives Drehmoment entlang der mod. Volllastkennlinie

Wird anstelle des Drehmoments die Verlustleistung begrenzt, kann die relative Verlustleistung als Bewertungsgröße eingeführt werden. Die relative Verlustleistung bezieht sich auf die maximale Verlustleistung, die eine Funktion der Temperatur ist:

$$p_{Vf} = \frac{P_V(T)}{P_{V,max}(T)}$$

Gl. 6.2

p_{Vf} relative Verlustleistung   / −

Bei steigender Temperatur steigt die Verlustleistung im Wickelkopf linear an. Bei konstantem Drehmoment führt das zu einem Anstieg der Verlustleistung. Da ein konstantes Drehmoment aus Sicht der Fahrbarkeit gewünscht ist, darf sich die Bewertungsgröße nicht mit der Temperatur ändern. Weil sowohl die Verlustleistung als auch die maximale Verlustleistung linear von der Temperatur abhängen, entfällt der Temperatureinfluss.

Auch die zulässige Verlustleistung der thermischen Systeme kann mit der Drehzahl variieren (siehe Kapitel 6.5.2.1). Die relative Verlustleistung kann deshalb ebenfalls nicht als Bewertungsgröße verwendet werden.

Es muss eine Bewertungsgröße eingeführt werden, die das relative Drehmoment bezogen auf die Drehzahl bewertet. In anderen Worten: Damit die Fahrbarkeit gut ist, muss eine fixierte modifizierte Volllastkennlinie entstehen, die kein konstantes relatives Drehmoment und keine konstante relative Verlustleistung über der Drehzahl aufweisen muss. Eine entsprechende Bewertungsgröße wird im folgenden Kapitel beschrieben.

6.3.2 Schwankungszahl

Die vorgeschlagene Bewertungsgröße wird Schwankungszahl genannt. Abbildung 6.5 zeigt die Methodik für die Berechnung der Schwankungszahl. Auf der Abszisse des linken Diagramms ist die Drehzahl aufgetragen. Auf der Ordinate beider Diagramme ist der Zeitschritt aufgetragen. Die Werte der Matrix des linken Diagramms sind das relative Drehmoment und die dick schwarz umrandeten Kästen entsprechen der aktuell anliegenden Drehzahl (beispielshaft). Bewegt man sich vertikal entlang der Zeitschritte, wird die Drehzahl entsprechend erhöht, sinkt dann wieder und bleibt im letzten Zeitschritt konstant.

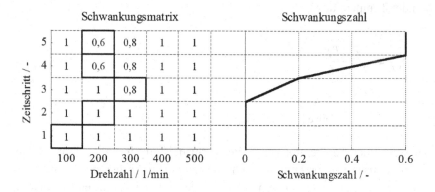

Abbildung 6.5: Methodik für die Berechnung der Schwankungszahl; Einträge der Matrix sind das relative Drehmoment; die dick schwarz umrandeten Kästen zeigen die aktuellen Drehzahlen an (beispielhaft)

Für jede Drehzahl (diskret) wird ein relatives Drehmoment von 1 initialisiert. Mit jedem Zeitschritt wird dann der aktuelle Wert des relativen Drehmoments der jeweiligen aktuellen diskreten Drehzahl zugeordnet (schwarze Kästen). Alle nicht aktuell anliegenden Drehzahlen erhalten den Wert des Zeitschritts zuvor. Die Schwankungszahl ergibt sich dann aus dem Betrag der Differenz des relativen Drehmoments der aktuellen Drehzahl zwischen aktuellem Zeitschritt und dem Zeitschritt zuvor (siehe Gl. 6.3).

$$f_s = \sum_{i=1}^{z} \left| m_f(n_{em}, i - 1) - m_f(n_{em}, i) \right| \qquad f_s = [0, \infty[\qquad \text{Gl. 6.3}$$

f_s	Schwankungszahl	$/-$
m_f	relatives Drehmoment	$/-$
i	Zeitschritt	$/-$
z	Anzahl Zeitschritte	$/-$

Mit der Schwankungszahl ist nun eine Bewertungsgröße verfügbar, die unabhängig von der verwendeten Betriebsstrategie einsetzbar ist und so einen Vergleich aller Betriebsstrategien ermöglicht. Die Schwankungszahl ist idealerweise 0 und kann theoretisch unendlich groß werden. Dadurch ist sie als Zielgröße einer Minimierung verwendbar.

6.4 Auswahl der Betriebsstrategien

Zunächst werden mögliche Derating-Methoden, hier Betriebsstrategien genannt, beschrieben. Anschließend erfolgt mit Hilfe einer Bewertungsmatrix die Auswahl zweier weiter untersuchter Betriebsstrategien.

6.4.1 Beschreibung möglicher Betriebsstrategien

6.4.1.1 Standard-Strategie

Die Standard-Strategie entspricht dem in Kapitel 6.1.2 beschriebenen Vorgehen. Abhängig von der Temperatur wird linear das relative Drehmoment reduziert. Durch Multiplikation mit dem aktuellen maximalen Drehmoment wird das zulässige Drehmoment berechnet. Die Kennlinien für den motorischen und den generatorischen Betrieb unterscheiden sich nicht.

Die Kennlinie erreicht bei der Grenztemperatur ein relatives Drehmoment von 0. Die tatsächliche Grenztemperatur kann deshalb nicht erreicht werden.

Durch eine Derating-Temperatur nahe der Grenztemperatur können hohe Fahrleistungen bei niedrigen Verbräuchen realisiert werden. In Abhängigkeit der Dynamik des verwendeten Temperatursignals (abhängig vom Sensor und der Wärmekapazität der kritischen Komponente) kommt es zu starken Schwankungen in den Fahrleistungen, wodurch die Fahrbarkeit als gering bewertet werden muss.

Adaptionsfähigkeit und Eintrittstemperatur sind hoch, die Transparenz eher gering.

6.4.1.2   Modifizierte Standard-Strategie

Die modifizierte Standard-Strategie basiert ebenfalls auf der Abhängigkeit des zulässigen Drehmoments vom Temperatursignal. Die Bestimmung des zulässigen Drehmoments unterscheidet sich allerdings von der Standard-Strategie. Anstelle der linearen Kennlinie können beispielsweise progressive oder degressive Kennlinien zum Einsatz kommen, die sich motorisch und generatorisch unterscheiden (siehe Abbildung 6.6). Dadurch können die Fahrleistungen auf Kosten des Energieverbrauchs weiter gesteigert werden. Die Reduzierung der motorischen Derating-Temperatur wirkt Schwankungen entgegen und verbessert die Fahrbarkeit. Allerdings kann die Maßnahme die Eintrittstemperatur reduzieren.

Eine weitere Möglichkeit bietet die Verwendung von Kennfeldern statt Kennlinien, die von der Temperatur und der aktuellen Drehzahl abhängig sind. Dies kann zu weniger schwankenden Temperaturen führen, weil damit die Verlustleistung an den kritischen Komponenten annähernd konstant gehalten werden kann (siehe Kapitel 6.3.1). Eine Hysterese des relativen Drehmoments, wie in Abbildung 6.6 dargestellt, kann die Fahrbarkeit verbessern. Die Adaptionsfähigkeit und Transparenz entsprechen denen der Standard-Strategie.

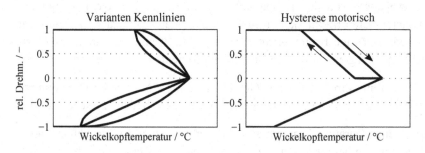

Abbildung 6.6:   Links: Mögliche Derating-Kennlinien: linear, progressiv, degressiv; rechts: lineare Kennlinien motorisch mit Hysterese

6.4.1.3   Dämpfungs-Strategie

Die Dämpfungs-Strategie orientiert sich ebenfalls an der Temperatur und setzt Kennlinien ähnlich Abbildung 6.6 ein. Das relative Drehmoment ergibt sich allerdings nicht direkt aus den Kennlinien, sondern wird zusätzlich gedämpft. Die Dämpfung ist in negativer Richtung, also mit größer werdendem relativem Drehmoment, deutlich stärker als in positiver. Das Drehmoment wird dadurch beim Annähern an die Grenztemperatur zunächst schnell zurückgenommen, um Überhitzungen zu vermeiden und regeneriert sich bei zurückgehender Temperatur nur langsam. Die Schwankungen werden dadurch stark reduziert und die Fahrbarkeit verbessert.

Adaptionsfähigkeit, Eintrittstemperatur und Transparenz gleichen denen der modifizierten Standard-Betriebsstrategie.

6.4.1.4 PI-Regler-Strategie

Auch hier wird das Temperatursignal als Regelgröße und das relative Drehmoment als Stellgröße verwendet. Anders als bei der Standard-Strategie wird das relative Drehmoment allerdings mittels Regelabweichung und PI-Regler und nicht mittels Kennlinie bestimmt (siehe Abbildung 6.7). Anders als bei der Standard-Strategie sind Überschwinger der Temperatur möglich. Wie bei den kennlinienabhängigen Regelungen stellt der Fahrer eine Störgröße dar.

Der PI-Regler ermöglicht ein weites Spektrum an Einstellmöglichkeiten. Mit entsprechend kleinen Proportional- und Integralfaktoren können Schwankungen reduziert und damit die Fahrbarkeit erhöht werden.

Die PI-Regler-Betriebsstrategie würde dann der zuvor beschriebenen Dämpfungs-Strategie stark ähneln. Aus diesem Grund wird die PI-Regler-Strategie hier so interpretiert, dass sie stets versucht ist, die Temperatur der kritischen Komponenten auf die Grenztemperatur einzuregeln, um maximale Fahrleistungen zu erreichen.

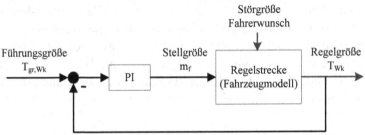

Abbildung 6.7: Regelkreis mit PI-Regler; $T_{gr,Wk}$: Grenztemperatur Wickelkopf

6.4.1.5   Modifizierte Volllastkennlinie mit Temperaturschwelle

Bei dieser Betriebsstrategie wird ab einer bestimmten Temperaturschwelle eine modifizierte Drehmomentkennlinie aktiv. Diese Kennlinie kann mittels Optimierungsverfahren für den motorischen und generatorischen Betrieb für einen bestimmten Zyklus ermittelt werden. Unter den bei der Optimierung vorherrschenden Randbedingungen, wie beispielsweise dem Zyklus, der Fahrweise des Fahrers und der Kühlmitteltemperatur, lassen sich mit dieser Methode sehr gute Fahrleistungen und Verbräuche bei idealer Fahrbarkeit erreichen [71]. Auch Eintrittstemperatur und Transparenz sind hoch, weil die Temperaturschwellen kurz vor die Grenztemperatur gelegt und die Aktivierung einer modifizierten Volllastkennlinie dem Fahrer angezeigt werden können. Bei Variation der Randbedingungen ist allerdings eine Adaption nicht möglich.

6.4.1.6   Verlustleistungs-Strategie mit Zeitschätzung

Die durch das thermische Modell vorhandenen Informationen werden eingesetzt, um die maximal ertragbaren Verlustleistungen an den kritischen Komponenten zu berechnen. Es erfolgt keine Regelung anhand des Temperatursignals, sondern eine Steuerung der zulässigen Verlustleistung.

Ab einer bestimmten Temperaturschwelle wird aus Kennfeldern die zulässige Verlustleistung ausgelesen. Um die Adaptionsfähigkeit zu gewährleisten, werden zurückliegende Verlustleistungsprofile analysiert und die aktuelle mittlere Verlustleistung an die zulässige Verlustleistung angepasst. So können sehr gute Fahrleistungen bei geringen Verbräuchen erreicht werden, ohne dabei die Fahrbarkeit zu beeinträchtigen.

Mit hohen Temperaturschwellen, über die der aktuelle Derating-Modus bestimmt wird, wird unnötiges Derating vermieden. Die Transparenz ist aufgrund der definierten Modi hoch. Zusätzlich ist es durch die Analyse des zurückliegenden Verlustleistungsprofils möglich, die Dauer bis zum Eintreten der Derating-Modi abzuschätzen. Dadurch wird die Transparenz nochmals verbessert.

6.4.1.7 Globale Optimierung mit Streckenkenntnis

Eine Randbedingung an die Betriebsstrategie in dieser Arbeit ist das Aus-
kommen ohne Streckenkenntnis. Eine globale Optimierung mittels dynamischer Programmierung ist damit ausgeschlossen.

In Kapitel 5.3 wurde die dynamische Programmierung im Zuge theoretischer
Betrachtungen verwendet, um die optimale Verteilung der Antriebsleistung
über dem Zyklus zu berechnen. Daraus wurde deutlich, dass die Verteilung
und damit die verfügbaren Fahrleistungen für den Fahrer nicht nachvollziehbar sind. Die Fahrbarkeit und die Transparenz dieser Methode sind deshalb
als schlecht zu bewerten.

6.4.2 Bewertung und Auswahl der Betriebsstrategien

Tabelle 6.2 fasst die Bewertung der Betriebsstrategien relativ zueinander
zusammen. Die Bewertung basiert auf der Einschätzung von Experten und
dient nur zur Vorauswahl vielversprechender Betriebsstrategien, die im An-
schluss quantitativ verglichen werden.

Die Temperaturabhängigkeit der Betriebsstrategien 1-5 führt grundsätzlich
zu Abstrichen in der Fahrbarkeit. Die Dämpfungs-Strategie verfügt allerdings über eine ausreichende Anzahl von Freiheitsgraden, um die Fahrbarkeit
zu erhöhen. Durch weitere Freiheitsgrade bei der Definition der Kennlinien
eignet sich die Betriebsstrategie sehr gut für eine Optimierung.

Die Verlustleistungs-Strategie zeigt großes Potential und wird deshalb ebenfalls weiter verfolgt.

Tabelle 6.2:   Überblick möglicher Betriebsstrategien mit vorläufiger relativer Bewertung (+: gut, o: neutral,-: weniger gut, (+): nur gut unter speziellen Randbedingungen); Auswahl ist grau markiert

Betriebsstrategie	Fahrleistung	Fahrbarkeit	Energieverbr.	Adaption	Eintrittstemp.	Transparenz
1	Standard-Strategie	o	-	+	+	+	-
2	Modifizierte Standard-Strategie	+	o	o	+	o	-
3	Dämpfungs-Strategie	+	+	o	+	+	-
4	PI-Regler-Strategie	+	-	o	+	+	-
5	Mod. Volllastkennlinie mit Temperaturschwelle	(+)	+	o	-	+	+
6	Verlustleistungs-Strategie mit Zeitschätzung	+	+	o	+	+	+
7	Globale Optimierung mit Streckenkenntnis	+	-	+	+	+	-

6.5   Beschreibung der Betriebsstrategien

Die ausgewählten Betriebsstrategien werden beschrieben und als Optimierungsprobleme definiert.

6.5.1   Beschreibung der Dämpfungs-Strategie

Die Dämpfungs-Strategie gehört zu den an Temperatursignalen geregelten Betriebsstrategien. Wie bei der Standard-Strategie, werden temperaturabhängige Kennlinien und einen geschlossenen Regelkreis verwendet. Die aus den Kennlinien ausgelesenen Faktoren resultieren allerdings nicht direkt in ein zulässiges Drehmoment, sondern werden gedämpft.

Wird an einer kritischen Komponenten die motorische oder generatorische Derating-Temperatur überschritten, wird das relative Drehmoment reduziert. Die Dämpfung des relativen Drehmoments in Richtung eines geringeren Wertes (positive Richtung) ist vergleichsweise gering, um Überhitzungen zu vermeiden. Sinkt die Temperatur, steigt das relative Drehmoment nur langsam wieder an. In der nächsten Belastungsperiode wird das relative Drehmoment deshalb kaum noch reduziert. Dadurch werden Schwankungen reduziert und es kann sich ein „Gleichgewicht" einstellen, in dem das relative Drehmoment annähernd konstant bleibt.

Die Dämpfungs-Strategie ist eine regelbasierte Betriebsstrategie mit Offline-Optimierung. Die Vorgehensweise ähnelt der von Manheller in [37] beschriebenen.

6.5.1.1 Derating-Kennlinien

Durch die Aufteilung in motorische und generatorische Kennlinien besteht die Möglichkeit, mittels Reduzierung des generatorisch freigegebenen Drehmoments die Erwärmung der kritischen Komponenten in den Bremsphasen zu reduzieren (siehe Abbildung 6.8).

Durch die Erhöhung des motorischen Deratingfaktors $f_{der,mot}$ kann sich die Temperatur besser der Grenztemperatur annähern. Bei einem relativen Drehmoment von 0,5 ist bereits davon auszugehen, dass sich der Betriebspunkt in der elektrischen Maschine unterhalb der Dauerleistung befindet und keine weitere Erwärmung stattfindet (siehe Kapitel 2.2.2.5).

Aus den Kennlinien wird nicht das relative Drehmoment, sondern ein dynamischer Faktor ausgelesen. Das relative Drehmoment ergibt sich aus dynamischen Faktoren und Dämpfungsfaktoren.

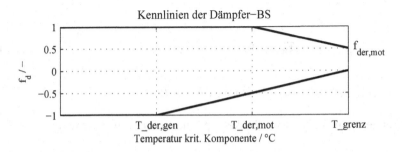

Abbildung 6.8: Kennlinie des dyn. Faktors in Abhängigkeit der Temperatur der kritischen Komponenten

6.5.1.2   Drehmomentbegrenzung

Es gibt unterschiedliche Dämpfungsfaktoren für das motorische und das generatorische relative Drehmoment. Außerdem wird zwischen positiver und negativer Dämpfung unterschieden – also in Richtung niedrigeren und höheren relativen Drehmoments. Durch diese Maßnahme wird ermöglicht, dass bei hohen Temperaturgradienten schnell eine Reduzierung des relativen Drehmoments erfolgen kann. Bei Abkühlung kann durch entsprechend große negative Dämpfung ein schnelles Erhöhen des relativen Drehmoments verhindert werden, wodurch Schwankungen reduziert werden.

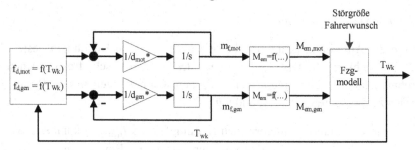

Abbildung 6.9:   Regelkreis der Dämpfungs-Strategie; d_{mot}*/d_{gen}* Dämpfungsfaktoren, hängen vom Vorzeichen des Gradienten des relativen Drehmoments ab; $f_{d,mot/gen}$: dyn. Faktoren;

Zunächst werden die dynamischen Faktoren für Wickelkopf und Rotor und den motorischen und den generatorischen Bereich aus den Kennlinien ausgelesen,

$$f_{d,mot/gen,\delta} = f(T_{Wk/Rt})$$ Gl. 6.4

$f_{d,mot/gen,\delta}$ dyn. Faktoren gen./mot. δ: Wk/Rt   / K

wobei der kleinere Wert für Wickelkopf und Rotor verwendet wird:

$$f_{d,mot/gen} = \min(f_{d,mot/gen,Wk}, f_{d,mot/gen,Rt})$$ Gl. 6.5

Für die Berechnung des relativen Drehmoments muss eine Differenzialgleichung 1. Ordnung analog eines mechanischen Feder-Dämpfer-Systems aufgestellt werden:

$$d\,\dot{x} + c\,\Delta x = 0 \qquad \text{mit } c = 1 \qquad\qquad \text{Gl. 6.6}$$

$d = d_{mot/gen}$ Dämpfungsfaktor mot./gen.   / −

$x = m_{f,mot/gen}$ rel. Drehmoment mot./gen.   / −

$\Delta x = f_{d,mot/gen} - m_{f,mot/gen}$ / −

Aufgelöst nach dem rel. Drehmoment und integriert ergibt sich daraus:

$$m_{f,mot/gen}(\tau) = \int_{\tau=0}^{\tau} \frac{f_{d,mot/gen} - m_{f,mot/gen}}{d_{mot/gen}} \, dt \qquad\qquad \text{Gl. 6.7}$$

Das zulässige Drehmoment ergibt sich aus dem relativen und dem drehzahlabhängigen, maximalen Drehmoment:

$$M_{zul,mot/gen} = m_{f,mot/gen} \cdot M_{max,mot/gen}(n) \qquad\qquad \text{Gl. 6.8}$$

$M_{zul,mot/gen}$ zulässiges Drehmoment mot./gen.   / Nm

6.5.1.3 Definition des Optimierungsproblems

Die Optimierung erfolgt nur für das Wickelkopf-Derating. Bei der untersuchten elektrischen Maschine ist die Dauerleistung bei Rotor-Derating so niedrig, dass das Fahrzeug nur bedingt sportlich bewegt werden kann. Rotor-Derating ist deshalb für die Optimierung deaktiviert. Prinzipiell kann die Methode natürlich auch für die Optimierung von Rotor-Derating verwendet werden.

Mit dem durch die Optimierung für das Wickelkopf-Derating erzeugten Datensatz kann durch geringfügige Anpassungen auch Rotor-Derating durchgeführt werden. Dazu werden die Schwelltemperaturen für die Kennlinien des relativen Drehmoments an die Grenztemperaturen des Rotors angepasst. Generatorisches Drehmoment wird unterbunden, um die Fahrleistungen zu erhöhen. Die aus der Optimierung für das Wickelkopf-Derating ermittelten Dämpfungsfaktoren werden beibehalten. Die größere thermische Masse des Rotors wirkt dämpfend, so dass Schwankungen bei Rotor-Derating eher geringer ausfallen als bei Wickelkopf-Derating.

Optimierungsparameter

Die Freiheitsgrade ergeben sieben Optimierungsparameter: Die Derating-Temperaturen für die motorische und die generatorische Kennlinie, die motorischen Deratingfaktoren sowie die positiven und negativen motorischen und generatorischen Dämpfungsfaktoren (siehe Tabelle 6.3).

Tabelle 6.3:   Optimierungsparameter Dämpfungs-Strategie

Optimierungsparameter	Formelzeichen	Einheit	Wertebereich
mot. Derating-Temperatur	$T_{der,mot}$	°C	140...175
gen. Derating-Temperatur	$T_{der,gen}$	°C	100...175
Deratingfaktor	$f_{der,mot}$	-	0,3...0,7
mot. positive Dämpfung	$d_{pos,mot}$	-	1...100
mot. negative Dämpfung	$d_{neg,mot}$	-	10...1000
gen. positive Dämpfung	$d_{pos,gen}$	-	1...100
gen. negative Dämpfung	$d_{neg,gen}$	-	10...1000

Zielgrößen

Der Zyklus für die Optimierung ist das PG Weissach. Es werden fünf Runden gefahren, bis sich die Rundenzeit auf dem mit Derating möglichen Niveau eingependelt hat. Die erste Zielgröße ist die Rundenzeit der letzten gefahrenen Runde.

Die zweite Zielgröße ist die in Kapitel 6.3.2 beschriebene Schwankungszahl. Für die Schwankungszahl ist der Wechsel von keinem zu eingependeltem Derating mit entscheidend, weshalb alle fünf Runden bewertet werden.

Nebenbedingungen

Die Nebenbedingungen sind der Energieverbrauch und die Grenztemperaturen des Wickelkopfes. Wie bereits erwähnt, erfolgt die Optimierung nur für das Wickelkopf-Derating. Die Grenztemperatur des Rotors wird für die Optimierung nicht betrachtet.

Die Optimierung ist damit definiert als:

$$\underline{y}^* = \min_{\underline{p}} \left\{ y = f\left(\underline{p}\right) \right\} \qquad \text{Gl. 6.9}$$

mit

$$\underline{p} = \left(T_{der,mot}, T_{der,gen}, f_{der,mot}, d_{pos,mot}, d_{neg,mot}, d_{pos,gen}, d_{neg,gen}\right)$$

und $\underline{y} = (t_r, f_s)$

t_r	Rundenzeit letzte Runde	$/\ s$
f_s	Schwankungszahl über alle Runden	$/\ -$

6.5.2 Beschreibung der Verlustleistungs-Strategie mit Zeitschätzung

Die grundsätzliche Idee der Verlustleistungs-Strategie ist das Nutzen von Informationen, die durch das thermische Modell zur Verfügung stehen. Die zulässigen Verlustleistungen an den kritischen Komponenten Wickelkopf und Rotor (Magnete) werden berechnet. Basierend auf dieser Information wird das zulässige Drehmoment gesteuert und nicht am Temperatursignal geregelt, wie bei den anderen Betriebsstrategien.

Zunächst wird die Dauer bis zum Eintritt des Deratings prognostiziert. Im Falle des Rotors kann dies möglicherweise länger dauern, als der Fahrer plant sich auf dem Hochlastzyklus zu befinden.

Ist die Temperaturschwelle für Derating erreicht, wird aus im Vorfeld berechneten Kennfeldern die maximal ertragbare mittlere Verlustleistung an der sich an der Temperaturgrenze befindenden Komponente ausgelesen.

Durch eine Analyse des zurückliegenden Verlustleistungsprofils wird der Tastgrad ermittelt – das Verhältnis aus mittlerer zur maximalen Verlustleistung. Mit dem Tastgrad wird aus der zulässigen mittleren Verlustleistung die zulässige Verlustleistungsamplitude berechnet. Der Zyklus wird so in ein in Kapitel 5.1.2 beschriebenes Ersatzprofil transformiert. Mit der Verlustleistungsamplitude wird aus Kennfeldern das bei aktueller Drehzahl zulässige Drehmoment ausgelesen. Auch die Verlustleistungs-Strategie ist eine regelbasierte Betriebsstrategie.

6.5.2.1   Derating-Kennfelder

Mit Hilfe des validierten thermischen Modells der elektrischen Maschine werden im Voraus Kennfelder erstellt, die die zulässige Verlustleistung der kritischen Komponenten in Abhängigkeit der Kühlmitteltemperatur und der Drehzahl im S1-Betrieb enthalten.

Dazu wird das thermische Modell aus Kapitel 3.2 modifiziert. Um die Beharrungstemperaturen zu berechnen, wird zunächst die Grenzfunktion von x_e aus Gl. 3.31 mit $C_i \to 0$ gebildet:

$$\lim_{C_i \to 0} x_e = \lim_{C_i \to 0} e^{-\frac{t}{C_i \cdot R_{i,Ers}}} = 0 \qquad\qquad \text{Gl. 6.10}$$

Das Gleichungssystem vereinfacht sich dadurch zu

$$\hat{A} = \begin{bmatrix} 1 & -\dfrac{R_{1,Ers}}{R_{12}} & \cdots & -\dfrac{R_{1,Ers}}{R_{1n}} \\ -\dfrac{R_{2,Ers}}{R_{21}} & 1 & \cdots & -\dfrac{R_{2,Ers}}{R_{2n}} \\ \cdots & \cdots & \cdots & \cdots \\ -\dfrac{R_{n,Ers}}{R_{n1}} & -\dfrac{R_{n,Ers}}{R_{n2}} & \cdots & 1 \end{bmatrix} \qquad\qquad \text{Gl. 6.11}$$

$$\underline{\acute{b}} = \begin{bmatrix} P_{V,1} \cdot R_{1,Ers} \\ \cdots \\ P_{V,n} \cdot R_{n,Ers} \end{bmatrix} \qquad\qquad \text{Gl. 6.12}$$

und kann geschlossen gelöst werden:

$$\underline{T}_{\infty} = \hat{A}^{-1}\,\underline{b} \qquad\qquad\qquad \text{Gl. 6.13}$$

Das Programm variiert für alle Temperaturen des Kühlmediums $T_{km} \in \underline{T}_{km}$ die Drehzahlen $n_{em} \in \underline{N}_{em}$ und Drehmomente $M_{em} \in \underline{M}_{em}$ und berechnet die Beharrungstemperaturen aller Massepunkte. Die Beharrungstemperaturen der kritischen Komponenten werden dann mit deren Grenztemperaturen verglichen. Wird eine Grenztemperatur erreicht, wird für diese Kombination von Drehzahl und Kühlmitteltemperatur nicht das Drehmoment, sondern die dazugehörige zulässige Verlustleistung abgespeichert.

Im Falle des Rotors spielt dabei auch der angrenzende Massepunkt (Stator) eine wichtige Rolle. Die Temperatur des Stators hat großen Einfluss auf die Temperatur des Rotors, weil der einzige Wärmepfad vom Rotor über den Stator zum Kühlmedium führt (siehe Kapitel 2.2.2.6). Es wird deshalb auch ein Kennfeld der zulässigen Verlustleistung im Stator bei Grenztemperatur des Rotors erstellt. Es gibt folglich ein Kennfeld für Wickelkopf- und zwei Kennfelder für Rotor-Derating:

$$P_{v,zul,Wk} = f(n_{em}, T_{km}) \quad \Big| \; T_{Wk} = T_{gr,Wk} \qquad \text{Gl. 6.14}$$

$$P_{v,zul,Rt} = f(n_{em}, T_{km}) \quad \Big| \; T_{Rt} = T_{gr,Rt} \qquad \text{Gl. 6.15}$$

$$P_{v,zul,St} = f(n_{em}, T_{km}) \quad \Big| \; T_{Rt} = T_{gr,Rt} \qquad \text{Gl. 6.16}$$

Abbildung 5.10 zeigt die Derating-Kennfelder der kritischen Komponenten. Die Grenztemperaturen liegen bei 180 °C für den Wickelkopf und 200 °C für den Rotor. Auffällig ist, dass die zulässige Verlustleistung am Wickelkopf mit der Drehzahl sinkt, während sie am Rotor steigt. Dieses Verhalten verdeutlicht die in den Kennfeldern enthaltene Information über den Zustand der benachbarten Massepunkte.

Die Verluste im Stator steigen auch bei konstanten Kupferverlusten mit der Drehzahl, weil im Stator Eisenverluste auftreten (siehe Kapitel 2.2.2.3). Dadurch wird der Stator auch bei konstanten Kupferverlusten mit der Drehzahl heißer. Die Verlustleistung, die der Wickelkopf bei Grenztemperatur erträgt, sinkt folglich mit der Drehzahl.

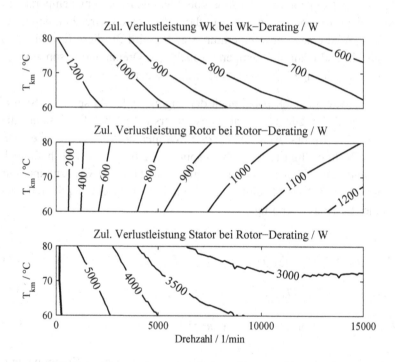

Abbildung 6.10: Zulässige Verlustleistung an Wickelkopf und Rotor für 180 °C Stator- und 200 °C Rotortemperatur

Die mit der Drehzahl steigenden zulässigen Verlustleistungen im Rotor sind durch den mit der Drehzahl sinkenden thermischen Widerstand über den Luftspalt zu erklären. Die zulässige Verlustleistung im Stator bei Grenz-temperatur des Rotors sinkt zunächst und bleibt bei hohen Drehzahlen annähernd konstant. Dieser Effekt ist dadurch zu erklären, dass zunächst aufgrund der ansteigenden Eisenverluste im Rotor die Statorverluste zurück-gehen müssen. Mit steigender Drehzahl verbessert sich der Wärmeübergang über den Luftspalt allerdings deutlich, sodass eine höhere Statortemperatur, und damit höhere Statorverluste ertragbar sind. Wie zu erwarten, sinken alle zulässigen Verlustleistungen mit steigender Kühl-mitteltemperatur.

6.5.2.2 Gleitender Puffer

Während der Fahrt werden die zurückliegenden Verlustleistungsprofile der kritischen Komponenten (Wickelkopf, Rotor) und des Stators analysiert. Dazu wird über ein Zeitfenster Δt_{gl} der gleitende Mittelwert der Verlustleistung ermittelt. Zusätzlich wird ein Mittelwert des gleitenden Maximums bestimmt. Das gleitende Maximum wird dabei über einen deutlich kleineren Zeitraum $\Delta t_{gl,s}$ bestimmt, und anschließend wird über den längeren Zeitraum Δt_{gl} der gleitende Mittelwert über dem gleitenden Maximum gebildet. Abbildung 6.11 veranschaulicht den Vorgang am Beispiel des Wickelkopfes.

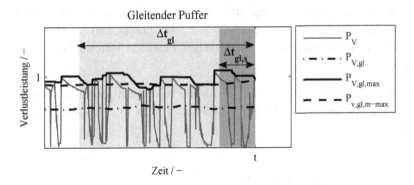

Abbildung 6.11: Gleitender Puffer und daraus berechnetes Ersatzprofil; P_V: Verlustleistung, $P_{V,gl}$=gleitender Mittelwert Verlustleistung, $P_{V,gl,max}$: gleitendes Maximum, $P_{V,gl,m-max}$: gleitender Mittelwert über gleitendes Maximum

Das Resultat der Profilanalyse ist ein stark gefilterter Mittel- und Maximalwert der Verlustleistung, woraus sich der Tastgrad nach Gl. 6.17 berechnen lässt.

Die Größen der Zeiträume der gleitenden Puffer haben einen großen Einfluss auf die Fahrbarkeit aber auch die Adaptionsfähigkeit an Veränderungen im Belastungsprofil und müssen deshalb optimiert werden.

$$\tau_\zeta = \frac{P_{V,gl,\zeta}}{\hat{P}_{V,gl,\zeta}} \qquad\qquad\qquad \text{Gl. 6.17}$$

ζ	Index für Wickelkopf/Rotor/Stator (Wk/Rt/St)	/ kW
τ_ζ	Tastgrad Wk/Rt/St	/ kW
$P_{V,gl,\zeta}$	gefilterte mittl. Verlustleistung Wk/Rt/St	/ kW
$\hat{P}_{V,gl,\zeta}$	gefilterte max. Verlustleistung Wk/Rt/St	/ kW

6.5.2.3 Zeitschätzung

Die Zeitschätzung prognostiziert die Dauer bis zum Eintreten von Derating. Die Zeitschätzung ist für die Betriebsstrategie nicht zwingend erforderlich, hilft aber die Transparenz des Systems zu verbessern. Alternativ könnte auch die Temperatur angezeigt werden oder die Temperaturdifferenz bis zum Erreichen der Derating-Temperatur. Für den Fahrer ist es aber deutlich schwieriger die Information „noch 20 K…" einzuordnen als „noch 30 s…". Deshalb ist die Zeitschätzung ein wichtiger Bestandteil für die Betriebsstrategie.

Für die Zeitschätzung wird Gl. 3.27 für die beiden kritischen Komponenten nach der Zeit aufgelöst. Für den Wickelkopf (Index 2) ergibt sich beispielsweise:

$$t_{gr,Wk} = -\frac{\ln\left(\frac{T_{der,Wk} - x_t}{T_2(t) - x_t}\right)}{\frac{1}{C_2 \cdot R_{12}} + \frac{1}{C_2 \cdot R_{23}}} \qquad\qquad \text{Gl. 6.18}$$

$$x_t = \frac{P_{V,gl,Wk} \cdot R_{12} \cdot R_{23} + T_1(t) \cdot R_{23} + \acute{T}_3 \cdot R_{12}}{R_{12} + R_{23}} \qquad\qquad \text{Gl. 6.19}$$

$t_{gr,Wk}$	temporäre geschätzte Dauer bis Derating	/ s
$T_{der,Wk}$	Temperatur bei der Derating am Wk einsetzt	/ K
$\acute{T}_3$	Schätzwert für den Stator T_3	/ K
$P_{V,gl,Wk}$	gefilterte mittl. Verlustleistung Wk	/ kW

Mit Gl. 6.18 kann die Dauer bis zur Derating-Temperatur berechnet werden, allerdings nur unter der Annahme, dass die benachbarten Massepunkte eine für die Dauer konstante Temperatur haben. Da für Wickelkopf und Rotor der Stator den benachbarten Massepunkt mit veränderlicher Temperatur darstellt, muss dessen Temperatur geschätzt werden.

Für eine konservative Zeitschätzung wird die höchstmögliche Statortemperatur bei aktivem Derating angenommen:

$$\acute{T}_3 = T_{3,max} \qquad \text{Gl. 6.20}$$

$T_{3,max}$ max. Statortemperatur bei Derating   / K

Abbildung 6.12 veranschaulicht die Annahmen bei der Zeitschätzung. Der graue Bereich visualisiert den Fehler durch die Annahme $\acute{T}_3 = T_{3,max}$.

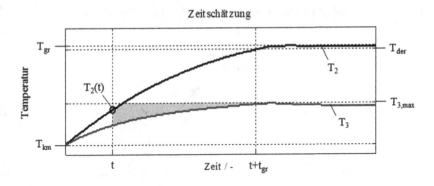

Abbildung 6.12: Zeitverläufe der Temperatur; $T_2 = T_{Wk}$, $T_3 = T_{St}$; grauer Bereich: Fehler durch die konservative Annahme von T_3

Die Genauigkeit hängt von der Dynamik des thermischen Systems ab: Am Wickelkopf unterliegt die gefilterte mittlere Verlustleistung deutlich größeren Schwankungen als am Rotor. Darüber hinaus führt die kleinere thermische Zeitkonstante des Wickelkopfes zur höheren Temperaturgradienten. Die Zeitschätzung des Rotors ist deshalb genauer als die des Wickelkopfes.

6.5.2.4 Drehmomentbegrenzung

Der Kern der Betriebsstrategie ist die Begrenzung des zulässigen Drehmoments und damit die Vermeidung der Überhitzung. Die Betriebsstrategie wird in 3 Modi unterteilt: Derating 0 (kein Derating), Derating 1 (Wickelkopf) und Derating 2 (Rotor).

Durch die diskreten Derating-Modi unterscheidet sich die Betriebsstrategie stark von der Dämpfungs-Strategie, bei der Derating kontinuierlich einsetzt.

Abbildung 6.13 zeigt den Ablauf der Betriebsstrategie. Bis zu den Temperaturschwellen $T_{der,Wk}$ und $T_{der,Rt}$ erfolgt keine Drehmomentbegrenzung. Wird die Temperaturschwelle $T_{der,Wk}$ am Wickelkopf überschritten, wird Derating 1 aktiviert. Wird am Rotor $T_{der,Rt}$ überschritten, wird zusätzlich Derating 2 aktiv.

In beiden Derating-Modi wird ein zulässiges Drehmoment ermittelt, wobei das betraglich geringere an das Gesamtfahrzeugmodell übergeben wird. Eine Hysterese verhindert das Springen zwischen den Derating-Modi.

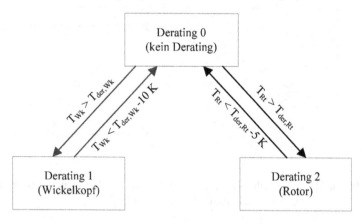

Abbildung 6.13: Aktivierung der Derating-Modi mit Hysterese

Abbildung 6.14 zeigt den Ablauf der Drehmomentbegrenzung innerhalb der Modi Derating 1 und 2.

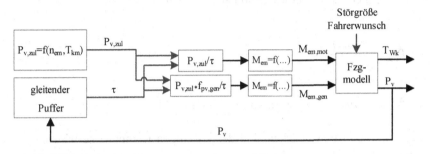

Abbildung 6.14: Signalflussplan der Drehmomentbegrenzung der Verlustleistungs-Strategie

Zunächst wird in Abhängigkeit der Kühlmitteltemperatur und der Drehzahl die zulässige Verlustleistung aus den zuvor erstellten Derating-Kennfeldern bestimmt (siehe Kapitel 6.5.2.1).

Derating 1:

$$P_{V,zul,Wk} = f(n_{em}, T_{km}) \qquad \text{Gl. 6.21}$$

Derating 2:

$$P_{V,zul,Rt} = f(n_{em}, T_{km}) \qquad \text{Gl. 6.22}$$

$$P_{V,zul,St} = f(n_{em}, T_{km}) \qquad \text{Gl. 6.23}$$

$P_{V,zul,\zeta}$ zulässige Verlustleistung Wk/Rt/St   / W

Gleichzeitig wird aus dem gleitenden Puffer der Tastgrad ermittelt. Aus den zulässigen Verlustleistungen und Tastgraden werden die zulässigen Verlustleistungsamplituden berechnet (siehe Gl. 6.24). Dabei muss beobachtet werden, ob durch extreme Fahrprofile, wie beispielsweise plötzlich auftretende sehr hohe mittlere Lasten nach einer langen Phase mit sehr niedrigen mittleren Lasten, zu Übertemperaturen führen können. Durch den relativ langen gleitenden Puffer kann der Tastgrad in einem solchen Szenario sehr klein werden, weshalb zu hohe Verlustleistungsamplituden freigegeben werden. Aus diesem Grund ist der Tastgrad nach unten zu begrenzen.

$$\hat{P}_{V,\zeta} = \frac{P_{V,zul,\zeta}}{\tau_\zeta}$$ Gl. 6.24

$\hat{P}_{V,\zeta}$ zulässige Verlustleistungsamplitude Wk/Rt/St $/\,W$

Aus dem Verlustleistungskennfeld der jeweiligen Komponente wird in Abhängigkeit der aktuellen Drehzahl das zulässige Drehmoment ausgelesen. Dabei werden die temperaturabhängigen Korrekturfaktoren der Verlustleistungen (siehe Kapitel 3.2.3) für die Grenztemperatur berechnet (worst-case), auch wenn die aktuelle Temperatur noch darunter liegt. Dadurch wird eine Reduzierung der Schwankungen erreicht und eine Überhitzung verhindert.

Zusätzlich wird der generatorische Leistungsfaktor eingesetzt, der die zulässige generatorische Verlustleistung reduziert. Dadurch wird die mittlere Verlustleistung reduziert und der Tastgrad sinkt. Die (motorische) Verlustleistungsamplitude kann daraufhin erhöht werden und damit auch das zulässige motorische Drehmoment. Der Nachteil dieser Maßnahme ist ein erhöhter Energieverbrauch. In Derating-Modus 2 (Rotor-Derating) wird der generatorische Leistungsfaktor zu 0.

$$\hat{P}_{V,gen,\zeta} = f_{pv,gen,\zeta} \cdot \hat{P}_{V,\zeta}$$ Gl. 6.25

$\hat{P}_{V,gen,\zeta}$ zul. gen. Verlustleistungsampl. Wk/Rt/St $/\,W$

$f_{pv,gen,\zeta}$ gen. Leistungsfaktor Wk/Rt/St $/\,-$

Das zulässige Drehmoment wird aus Kennfeldern ausgelesen. Bei Rotor-Derating muss sowohl für den Rotor als auch für den Stator ein zulässiges Drehmoment bestimmt werden, da der Stator großen Einfluss auf die Temperatur des Rotors hat. Neben der Tatsache, dass der einzige Wärmepfad des Rotors über den Stator geht, ist noch ein weiterer Effekt zu beachten: Die Derating-Kennfelder geben die zulässige S1-Verlustleistung aus. Über den

Tastgrad wird dann die Verlustleistungsamplitude ermittelt. Im Falle des Rotors sind die Verlustleistungen allerdings deutlich weniger vom Drehmoment abhängig als im Stator (siehe Kapitel 2.2.2.3). Es kann deshalb passieren, dass das für den Rotor berechnete zulässige Drehmoment aufgrund der Kupferverluste zu einer deutlich steigenden Temperatur des Stators führt, wodurch auch der Rotor überhitzt. Deshalb wird bei Derating 2 jeweils ein zulässiges Drehmoment bezogen auf den Rotor und den Stator berechnet und der kleinere Wert für die Drehmomentbegrenzung verwendet.

Derating 1:

$$M_{zul,gen/mot,1} = f(n_{EM}, \hat{P}_{v(,gen),Wk}, T_{gr,Wk})$$

Gl. 6.26

Derating 2:

$$M_{zul,gen/mot,Rt} * = f(n_{EM}, \hat{P}_{v(,gen),Rt}, T_{gr,Rt})$$

Gl. 6.27

$$M_{zul,gen/mot,St} * = f(n_{EM}, \hat{P}_{v(,gen),St}, T_{gr,St})$$

Gl. 6.28

$$M_{zul,gen/mot,2} = \min(M_{zul,gen/mot,Rt} *, M_{zul,gen/mot,St} *)$$

Gl. 6.29

$T_{gr,\zeta}$ Grenztemperaturen Wk/Rt/St   / K

Das betraglich geringere zulässige Drehmoment aus Derating 1 und 2 wird an das Gesamtfahrzeugmodell übergeben:

$$M_{zul,gen/mot} = \min(M_{zul,gen/mot,1}, M_{zul,gen/mot,2})$$

Gl. 6.30

Definition des Optimierungsproblems

Bei der Erstellung der Derating-Kennfelder findet bereits eine Form der Optimierung statt (Rastersuche). Es gibt deshalb deutlich weniger Freiheitsgrade als bei der Dämpfungs-Strategie. Dennoch wird eine Optimierung durchgeführt, um insbesondere die Größe der Zeiträume des gleitenden Puffers zu ermitteln.

Die Begrenzung des Tastgrads ist nicht Teil der Optimierung, da sie im simulierten Zyklus nicht erreicht wird. Besonders in unvorhersehbaren Alltagssituationen kann ohne die Begrenzung allerdings eine Überhitzung auftreten. Die Begrenzung des Tastgrads stellt damit eine wichtige Applikationsgröße für die Fahrzeugentwicklung dar.

Auch bei der Verlustleistungs-Strategie wird nur das Wickelkopf-Derating (Derating-Modus 1) optimiert. Bei Rotor-Derating wird auch hier der generatorische Betrieb ausgesetzt. Weitere Anpassungen sind nicht nötig, da die Derating-Kennfelder bereits für beide Derating-Modi vorhanden sind.

Optimierungsparameter

Freiheitsgrade sind die beiden Zeiträume der Puffer und der generatorische Leistungsfaktor. Es ergeben sich drei Optimierungsparameter.

Tabelle 6.4:   Optimierungsparameter Verlustleistungs-Strategie

Optimierungsparameter	Formelzeichen	Einheit	Wertebereich
Zeitraum Puffer	Δt_{gl}	s	60...120
Zeitraum kurzer Puffer	$\Delta t_{gl,s}$	s	1...30
gen. Leistungsfaktor	$f_{pv,gen}$	-	0.2...1

Zielgrößen und Nebenbedingungen

Die Zielgrößen und Nebenbedingungen entsprechen denen der Dämpfungs-Strategie.

Die Optimierung ist damit definiert als:

$$\underline{y}^* = \min_{\underline{p}}\left\{y = f\left(\underline{p}\right)\right\}$$

Gl. 6.31

mit $\underline{p} = \left(\Delta t_{gl}, \Delta t_{gl,s}, f_{pv,gen}\right)$

und $\underline{y} = (t_r, f_s)$

6.6 Zusammenfassung Betriebsstrategie

Der Begriff der Betriebsstrategie wird in der Literatur meist in Bezug auf Hybridfahrzeuge verwendet. Zwischen Betriebsstrategien für Hybridfahrzeuge und der in dieser Arbeit gesuchten Betriebsstrategie gibt es deutliche Unterschiede. Während bei Hybridfahrzeugen versucht wird, mittels Verteilung der Antriebsleistung auf den verbrennungsmotorischen und den elektrischen Pfad den Energieverbrauch zu optimieren, wird in dieser Arbeit eine Methode gesucht, die hohe Fahrleistungen bei gleichzeitig hoher Fahrbarkeit ermöglicht. Zu einer solchen Betriebsstrategie ist bislang nichts bekannt.

Der zentrale Bestandteil der Betriebsstrategie ist das Derating – die Reduzierung der zur Verfügung stehenden Antriebsleistung zur Vermeidung von Bauteilüberhitzungen. Bei einer sehr einfachen Derating-Strategie wird das zulässige Drehmoment als Funktion des Temperatursignals reduziert.

Die wichtigsten Anforderungen an die Betriebsstrategie sind die Fahrleistung (Rundenzeit) und die Fahrbarkeit, die einen Zielkonflikt darstellen. Um die Fahrbarkeit zu bewerten, wird eine neue Bewertungsgröße eingeführt – die Schwankungszahl.

Die Vorstellung mehrerer Derating-Strategien ergibt, dass es zwei grundsätzlich verschiedene Ansätze gibt: Die Regelung des zulässigen Drehmoments anhand von Temperatursignalen und die Steuerung des zulässigen Drehmoments über die Berechnung einer zulässigen Verlustleistung.

Für jeden der beiden Ansätze wird eine vielversprechende Variante ausgewählt und weiterentwickelt: Die Dämpfungs-Strategie und die Verlustleistungs-Strategie mit Zeitschätzung. Bei der Dämpfungs-Strategie wird das zulässige Drehmoment aus temperaturabhängigen Kennlinien bestimmt und zusätzlich gedämpft. Durch die Dämpfungsfaktoren gibt es zusätzliche Freiheitsgrade, durch die sich die Fahrbarkeit deutlich verbessern lässt.

Die Verlustleistungs-Strategie basiert auf Derating-Kennfeldern, die im Vorfeld mit Hilfe des validierten thermischen Modells erstellt werden. Eine Anpassung an die aktuelle Fahrt geschieht über die Analyse der zurückliegenden Verlustleistungsprofile. Durch die Nutzung des thermischen Modells und die Verwendung von diskreten Derating-Modi (Derating an/aus) ist darüber hinaus die Abschätzung der Zeit bis zum Eintreten von Derating möglich.

7 Ergebnisse und Bewertung

Zunächst werden die Simulationsergebnisse der Standard-Strategie beschrieben. Anschließend werden die Optimierungsergebnisse der Dämpfungs- und der Verlustleistungs-Strategie zunächst im Lösungsraum und dann im Verlauf über der Strecke dargestellt. Die Ergebnisse der drei Betriebsstrategien werden dann qualitativ und quantitativ verglichen. Alle genannten Untersuchungen erfolgen ohne Rotor-Derating. Dann wird die Robustheit der Betriebsstrategien untersucht. Dazu wird ein weiterer Zyklus mit und ohne Rotor-Derating simuliert. Zuletzt erfolgen die Bewertung der Betriebsstrategien und eine Diskussion der Ergebnisse.

7.1 Ergebnisse Standard-Strategie

Abbildung 7.1 zeigt die Verläufe über fünf Runden PG Weissach. Wickelkopf-Derating setzt kurz nach der zweiten Runde ein, wenn die Temperatur des Wickelkopfes die Derating-Temperatur erreicht. Das relative Drehmoment schwankt ab dann stark. Für die gesamten fünf Runden ergibt sich eine Schwankungszahl von 154. Die Zunahme der Schwankungszahl in den letzten beiden Runden ist konstant bei 52, was vermuten lässt, dass die Schwankungen bei der Standard-Strategie unabhängig von der Rundenzahl bestehen bleiben. Die Temperatur des IGBT erreicht die Grenztemperatur nicht. Von der Leistungselektronik wird in diesem Beispiel kein Derating ausgelöst, weshalb die Temperaturen der Leistungselektronik im Folgenden nicht mehr dargestellt werden.

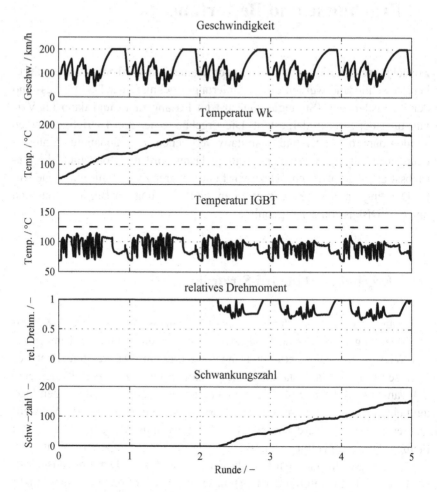

Abbildung 7.1: Verläufe auf 5 Runden PG Weissach mit Standard-Strategie

7.2   Ergebnisse Dämpfungs-Strategie

Abbildung 7.2 zeigt die Optimierungsergebnisse der Dämpfungs-Strategie. Im linken Diagramm sind die Individuen dargestellt, die alle Nebenbedingungen erfüllen und damit zulässig sind. Die dominanten Individuen bilden die Pareto-Front. Die Optimierungsparameter der Pareto-Front sind in den

Diagrammen rechts über der Rundenzeit aufgetragen. Das Individuum mit der geringsten Rundenzeit (A) weist eine hohe motorische Derating-Temperatur und einen geringen negativen motorischen Dämpfungsfaktor auf. Dadurch kommt es zu relativ hohen Schwankungen des motorischen relativen Drehmoments (siehe Abbildung 7.3). Das generatorische relative Drehmoment ist stark negativ gedämpft und schwankt deshalb wenig.

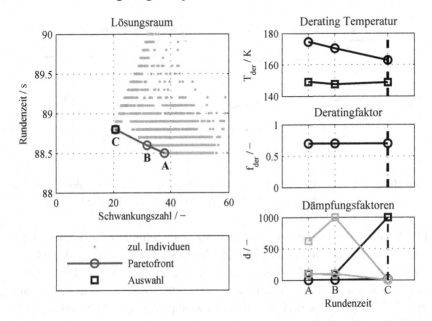

Abbildung 7.2: Optimierungsergebnisse Dämpfungs-Strategie; Rechts: Derating-Temp: Kreis=$T_{der,mot}$, Viereck=$T_{der,gen}$; Dämpfungsfaktoren: schwarz-Kreis=$d_{pos,mot}$, schwarz-Viereck =$d_{neg,mot}$, grau-Kreis.=$d_{pos,gen}$, grau-Viereck-getr.=$d_{neg,gen}$; vertikel-gestr.=Auswahl

Mit steigender Rundenzeit sinkt die motorische Derating-Temperatur während die generatorische annähernd konstant bleibt. Das motorische Derating wird also früher eingeleitet. Gleichzeitig wird der negative motorische Dämpfungsfaktor stark erhöht, wodurch sich das motorische relative Drehmoment kaum noch regeneriert (siehe Abbildung 7.3). Die motorische Belastung des Wickelkopfs verändert sich folglich deutlicher über der Strecke. Diese Veränderungen in der motorischen Belastung kann nun durch die generatorische Belastung aufgefüllt werden. Der negative generatorische

Dämpfungsfaktor sinkt deshalb ab und ermöglicht eine rasche Regeneration des generatorischen relativen Drehmoments.

Das Individuum mit der geringeren Schwankungszahl (C) wird für den folgenden Vergleich ausgewählt, weil ansonsten der geringfügige Vorteil bei der Rundenzeit mit einer Verdopplung der Schwankungszahl erkauft werden würde.

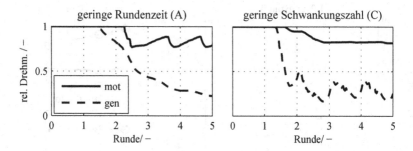

Abbildung 7.3: Verläufe des relativen Drehmoments der pareto-optimalen Ergebnisse mit minimaler Rundenzeit und minimaler Schwankungszahl

Die Verläufe der Dämpfungs-Strategie mit den Optimierungsparametern des ausgewählten Individuums (C) sind in Abbildung 7.4 dargestellt. Das relative Drehmoment wird zunächst generatorisch reduziert. Nach zwei kontinuierlichen Anpassungsphasen verharrt das motorische relative Drehmoment aufgrund der großen negativ motorischen Dämpfung. Die Schwankungszahl bleibt annährend konstant. Insgesamt steigt die Schwankungszahl auf 20,6 und steigt in der letzten Runde nicht weiter an.

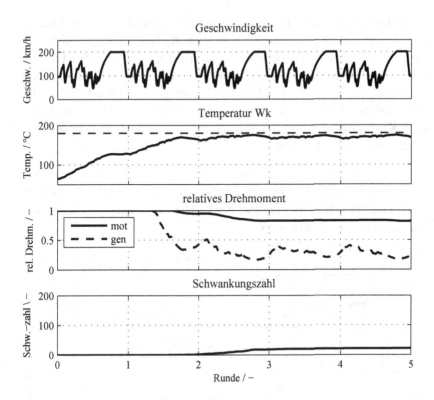

Abbildung 7.4: Dämpfungs-Strategie über 5 Runden PG Weissach nach der Optimierung mit ausgewähltem Individuum (C)

7.3 Ergebnisse Verlustleistungs-Strategie

Bei der Verlustleistungs-Strategie wird zunächst die Zeitschätzung untersucht. Sie gibt die Dauer bis zum Eintreten von Derating an. Die Zeitschätzung wird sowohl bei Wickelkopf- als auch Rotor-Derating betrachtet. Die Derating-Temperaturen sind 175 °C für den Wickelkopf und 145°C für den Rotor (bessere Darstellbarkeit).

Abbildung 7.5 zeigt die Zeitschätzung aufgetragen über fünf Runden PG Weissach. Am Wickelkopf wird die Dauer im Anfangsbereich zu gering eingeschätzt. Dies liegt an hohen Schwankungen in der vom gleitenden

Puffer berechneten mittleren Verlustleistung. Die Schwankungen treten auf, weil die optimale Puffer-Länge von 89 s am Anfang des Zyklus nicht realisiert werden kann. Nach ca. einer Runde ist die gesamte Puffer-Länge erreicht. Die Zeitschätzung am Wickelkopf hat dann einen Fehler von max. 20 % bis kurz vor Erreichen der Derating-Temperatur. Der relative Fehler steigt dann stark an, weil die Restzeit, auf die sich der Fehler bezieht, sehr gering wird. Kleine Abweichungen sind dann prozentual sehr groß, weshalb dieser Bereich nicht bewertet werden darf.

Wie in Kapitel 6.5.2.3 erwähnt, ist die Zeitschätzung für den Rotor genauer. Die Zeitschätzung ist bei 180 s gedeckelt, was ca. zwei Runden PG Weissach entspricht. Danach ist der relative Fehler konstant kleiner 10 % und steigt ebenfalls kurz vor Ende stark an.

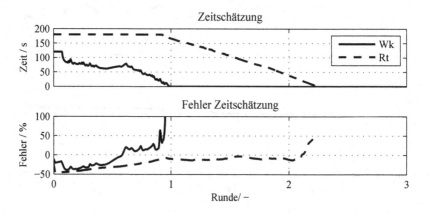

Abbildung 7.5: Zeitschätzung mit relativem Fehler der Verlustleistungs-Strategie

Die eigentliche Optimierung der Verlustleistungs-Strategie erfolgt bereits bei der Erstellung der Derating-Kennfelder (siehe Kapitel 6.5.2.1). Die mit dem NSGAII durchgeführte Optimierung dient primär dem Finden optimaler Puffer-Längen und dem Einstellen eines generatorischen Leistungsfaktors für die Einhaltung des geforderten Energieverbrauchs. Im Vergleich zur Dämpfungs-Strategie ist der Zielkonflikt zwischen Fahrleistungen und Fahrbarkeit aufgrund der Derating-Kennfelder deutlich weniger ausgeprägt. Die Optimierung der Puffer-Längen führt annähernd zu einem eindeutigen Optimum (siehe Abbildung 7.6). Das Individuum mit der geringsten Rundenzeit (A) weist lediglich eine geringfügig reduzierte Fahrbarkeit auf und wird deshalb für den folgenden Vergleich ausgewählt. Die Puffer-Längen von Individuum (A) sind minimal kürzer und der generatorische Leistungsfaktor minimal länger als bei dem Individuum mit höherer Rundenzeit (B). Generell ist der Einfluss der Optimierungsparameter auf die beiden Zielgrößen deutlich geringer als bei der Dämpfungs-Strategie.

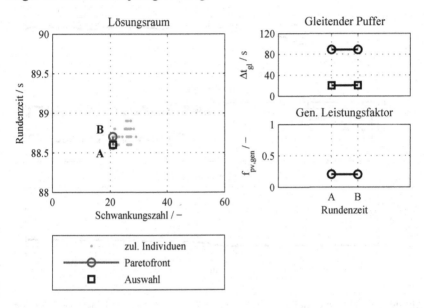

Abbildung 7.6: Optimierungsergebnisse Verlustleistungs-Strategie; Links: Paretoraum mit ausgewähltem Individuum; Rechts: Gleitender Puffer: Kreis=Δt_{gl}, Viereck=$\Delta t_{gl,s}$

Abbildung 7.7 zeigt die Verläufe über fünf Runden PG Weissach. Anders als bei der Dämpfungs-Strategie schwankt das relative Drehmoment stark und setzt abrupt ein. Bezogen auf die Drehzahl bleibt das relative Drehmoment annähernd konstant, weshalb die Schwankungszahl während aktiven Deratings kaum ansteigt. Die Fahrbarkeit leidet folglich nicht unter dem schwankenden relativen Drehmoment. Aufgrund des generatorischen Leistungsfaktors ist das generatorische relative Drehmoment geringer. Die Schwankungszahl endet bei 20,9 und steigt in der letzten Runde nicht weiter an.

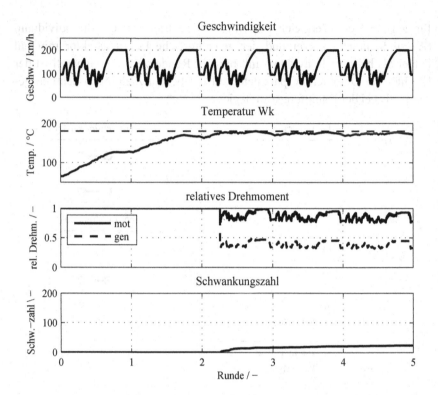

Abbildung 7.7: Verlustleistungs-Strategie über 5 Runden PG Weissach nach der Optimierung mit ausgewähltem Individuum (A)

Abbildung 7.8 verdeutlicht die Funktionsweise der Verlustleistungs-Strategie. Die durchgezogene dunkelgraue Linie entspricht dem gleitenden Mittelwert und die dunkelgraue gestrichelte Linie dem gemittelten gleitenden Maximum. Der daraus resultierende Tastgrad ist im unteren Diagramm abgebildet. Nach ca. 2,3 Runden wird von Derating 0 (kein Derating) auf Derating 1 (Wickelkopf-Derating) umgeschaltet. Die zulässige Verlustleistung (durchgezogene schwarze Linie) wird aus dem Derating-Kennfeld ausgelesen und ergibt mit dem Tastgrad die zulässige Verlustleistungsamplitude (gestrichelte schwarze Linie).

Aufgrund der hohen Puffer-Länge ist der Übergangsbereich von Derating 0 zu Derating 1 schwierig. Der gleitenden Mittelwert und das gleitende Maximum sinken nur langsam ab. Nach einer Einschwingphase in der dritten und vierten Runde bleiben der gleitende Mittelwert und das gleitende Maximum in der letzten Runde konstant – und damit auch der Tastgrad. Durch den konstanten Tastgrad steigt die Schwankungszahl nicht weiter an.

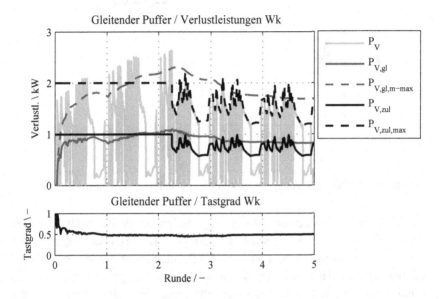

Abbildung 7.8: Verlustleistungen am Wk und Tastgrad aus gleitendem Puffer

7.4 Vergleich der Betriebsstrategien

Abbildung 7.9 zeigt die beiden Zielkriterien Rundenzeit und Schwankungs-zahl aller untersuchter Betriebsstrategien im Lösungsraum. Die Standard-Strategie zeigt bei beiden Zielkriterien deutlich höhere Werte. Die Dämp-fungs-Strategie und die Verlustleistungs-Strategie liegen bei beiden Zielkri-terien nahe beieinander. Die Individuen der Verlustleistungs-Strategie liegen außerhalb der Pareto-Front der Dämpfungs-Strategie und sind damit domi-nant.

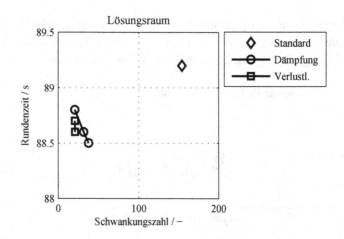

Abbildung 7.9:   Vergleich der pareto-optimalen Ergebnisse im Lösungsraum

In Abbildung 7.10 sind die Schwankungszahlen der drei Betriebsstrategien über fünf Runden PG Weissach aufgetragen. Die Schwankungszahl der Dämpfungs-Strategie beginnt nach ca. 1,6 Runden leicht zu steigen, während sie bei der Standard- und der Verlustleistungs-Strategie erst nach ca. 2,3 Runden zu steigen beginnt. Wie erwartet steigt die Schwankungszahl der Standard-Strategie deutlich höher als die der beiden anderen. Die Schwankungszahlen der Dämpfungs-Strategie und der Verlustleistungs-Strategie verlaufen sehr ähnlich.

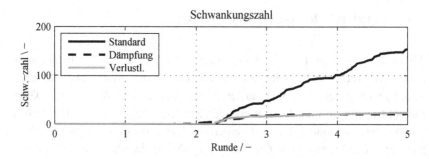

Abbildung 7.10: Vergleich der Schwankungszahlen über 5 Runden PG Weissach

Um die Charakteristik der Betriebsstrategien zu visualisieren, sind die für die Berechnung der Schwankungszahl erstellten Schwankungsmatrizen in Abbildung 7.11 dargestellt. Die Schwankungsmatrizen zeigen das relative motorische Drehmoment über der Drehzahl der elektrischen Maschine und der Rundenzahl. Eine Beeinträchtigung der Fahrbarkeit und damit ein Anstieg der Schwankungszahl erfolgt bei einer Änderung des relativen Drehmoments bezogen auf die Drehzahl. Das bedeutet, die Fahrbarkeit sinkt, wenn in vertikaler Richtung eine Änderung des relativen Drehmoments auftritt (Höhenänderung im Diagramm).

Bei der Standard-Strategie treten starke Höhenänderungen sowohl in horizontaler, als auch in vertikaler Richtung auf. Die Fahrbarkeit ist beeinträchtigt. Bei der Dämpfungs-Strategie treten nach einer Übergangsphase keine Höhenänderungen des relativen Drehmoments mehr auf. Bei der Verlustleistungs-Strategie treten nach dem Wechsel von Derating 0 zu Derating 1 nur geringe Höhenänderungen in vertikaler Richtung auf, und die Übergangsphase ist sehr kurz. Anders als bei der Dämpfungs-Strategie gibt es starke Höhenänderungen in horizontaler Richtung.

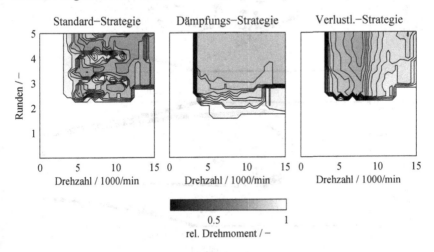

Abbildung 7.11: Vergleich Schwankungsmatrizen von 5 Runden PG Weissach

Die Schwankungsmatrizen deuten darauf hin, dass die Betriebspunkte der elektrischen Maschine mit den drei Betriebsstrategien variieren. In Abbildung 7.12 ist zu sehen, dass bei der Standard-Strategie die motorischen

Betriebspunkte deutlich streuen. Es gibt eine Verdichtung von Betriebspunkten entlang der Volllastkennlinie, welche eintreten bevor die Derating-
Temperatur erreicht wird. Unterhalb der Volllastkennlinie ist eine ausge-
franste Linie zu erkennen, die sich im Grunddrehzahlbereich aufsplittet.

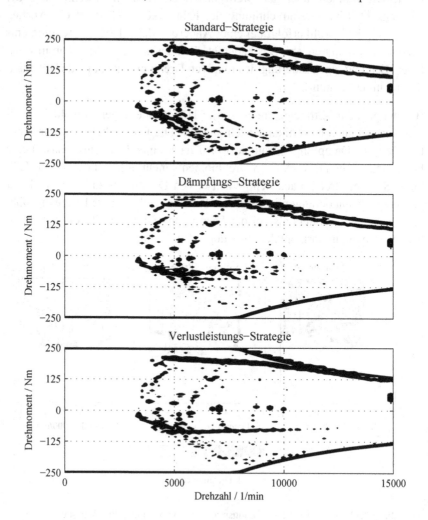

Abbildung 7.12: Betriebspunkte der elektrischen Maschine von 5 Runden PG Weissach

Bei der Dämpfungs-Strategie ergibt sich durch die Betriebspunkte unterhalb der Volllastkennlinie eine Derating-Volllastkennlinie, die sich aus dem annährend konstanten relativen Drehmoment (siehe Abbildung 7.4) mulipliziert mit der Volllastkennlnie ergibt.

Durch das kontinuierlich einsetztende Derating und den daraus resultierenden Übergangsbereich gibt es zwischen der Volllastlinie und der Derating-Volllastlinie vereinzelte Betriebspunkte.

Bei der Verlustleistungs-Strategie entsteht eine noch schärfere Derating-Volllastkennlinie, deren Form sich erwartungsgemäß von der der Dämpfungs-Strategie unterscheidet. Die Derating-Volllastkennlinie nähert sich bei hohen Drehzahlen der Volllastkennlinie an, weil die Verlustleistung am Wickelkopf bei konstantem relativen Drehmoment mit der Drehzahl sinkt (siehe Kapitel 6.3.1). Die Zeitanteile im generatorischen Bereich sind deutlich kürzer als im motorischen. Dennoch bildet sich bei der Verlustleistungs-Strategie auch im generatorischen Bereich eine Derating-Volllastkennlinie aus. Aufgrund der geringen generatorischen Dämpfungs-faktoren ist bei der Dämpfungs-Strategie keine solche Linie erkennbar.

7.5　Adaptionsfähigkeit der optimierten Betriebsstrategien

Die Adaptionsfähigkeit der beiden optimierten Betriebsstrategien wird für einen weiteren Zyklus und Rotor-Derating untersucht. Die Optimierung wurde nur für Wickelkopf-Derating durchgeführt. Trotzdem soll untersucht werden, wie der durch die Optimierung ermittelte Datensatz auf Rotor-Derating übertragbar ist. Die Anpassungen an Rotor-Derating wurden in den Kapiteln 3.2.5 und 3.3.5 beschrieben. Es werden zwei Runden auf dem Nürburgring ohne Rotor-Derating und drei Runden mit Rotor-Derating bei einer Rotor-Grenztemperatur von 200 °C gefahren.

Abbildung 7.13 zeigt die Verläufe ohne Rotor-Derating. Die motorischen relativen Drehmomente der beiden Betriebsstrategien sind wie erwartet stark unterschiedlich. Während die Schwankungszahl bei der Dämpfungs-Strategie in der zweiten Runde nur geringfügig steigt, steigt sie bei der Verlustleistungs-Strategie deutlich an. Die Erklärung dafür ist die stark unterschiedliche

Länge der beiden untersuchten Zyklen. Die Puffer-Länge entspricht etwa einer Runde PG Weissach, aber nur etwa 1/6 des Nürburgrings. Kombiniert mit der ausgeprägten Heterogenität des Nürburgrings kommt es zu Schwankungen des Tastgrads, wodurch die Schwankungszahl steigt. Die hohe negative motorische Dämpfung der Dämpfungs-Strategie führt auch auf dem Nürburgring zu geringen Schwankungen.

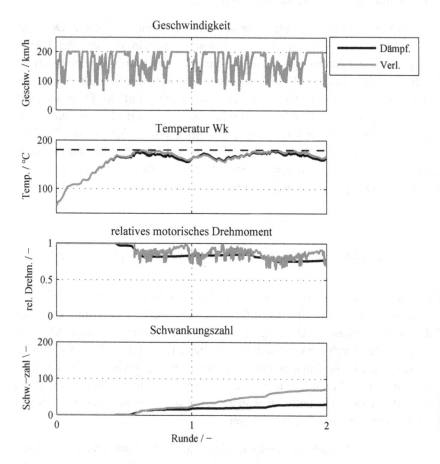

Abbildung 7.13: Vergleich Robustheit ohne Rotor-Derating für 2 Runden Nürburgring

In Abbildung 7.14 sind die Verläufe über drei Runden Nürburgring mit aktivem Rotor-Derating zu sehen. Auch hier steigt die Schwankungszahl bei der
Verlustleistungs-Strategie höher als bei der Dämpfungs-Strategie. Die Rotortemperatur und das relative Drehmoment sind bei der Verlustleistungs-
Strategie leicht höher, was auf eine niedrigere Rundenzeit schließen lässt.

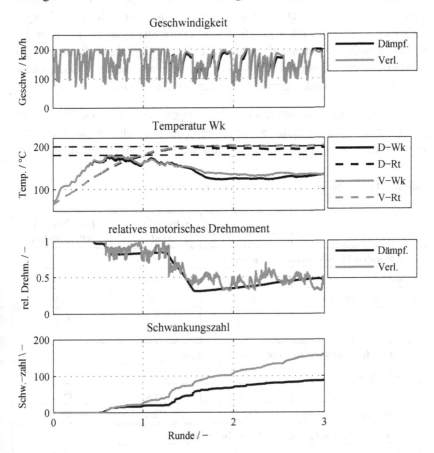

Abbildung 7.14: Vergleich Robustheit mit Rotor-Derating für 3 Runden Nürburgring

7.6   Bewertung der Betriebsstrategien

Tabelle 7.1 fasst die Werte der Hauptanforderungen zusammen. Aufgrund des gleichen generatorischen und motorischen relativen Drehmoments kann die Standard-Strategie die Rundenzeiten der beiden optimierten Betriebsstrategien nicht erreichen, hat dafür allerdings deutliche Vorteile beim Energieverbrauch. Die Schwankungszahl der Standard-Strategie ist auf dem PG Weissach mehr als siebenmal so hoch wie die der Dämpfungs-Strategie. Die Rundenzeit der Verlustleistungs- ist geringer als die der Dämpfungs-Strategie. Die Schwankungszahlen sind annähernd identisch.

Auf dem längeren und vielseitigeren Nürburgring zeigt die Dämpfungs- gegenüber der Verlustleistungs-Strategie bei fast identischer Rundenzeit Vorteile bei der Fahrbarkeit – die Schwankungszahl ist weniger als halb so groß.

Tabelle 7.1:   Bewertungsgrößen der Betriebsstrategien

	Rundenzeit / s	Schwankungszahl / -	E-verbrauch / kWh/100km
5 Runden PG Weissach (optimiert)			
Standard-Strategie	89,2	154,0	76,1
Dämpfungs-Strategie	88,8	20,6	84,9
Verlustleistungs-Strategie	88,6	20,9	85,0
2 Runden Nürburgring ohne Rotor-Derating			
Standard-Strategie	487,8	284,9	64,0
Dämpfungs-Strategie	486,8	31,2	69,2
Verlustleistungs-Strategie	486,7	72,6	69,1
2 Runden Nürburgring mit Rotor-Derating			
Standard-Strategie	531,7	311,5	48,7
Dämpfungs-Strategie	523,4	87,6	56,1
Verlustleistungs-Strategie	512,5	160,4	58,8

Mit aktivem Rotor-Derating ermöglicht die Verlustleistung-Strategie eine deutlich geringere Rundenzeit, erkauft diese aber wiederum mit einer doppelt so hohen Schwankungszahl gegenüber der Dämpfungs-Strategie. Die Standard-Strategie fällt sowohl bei der Rundenzeit als auch bei der Schwankungszahl deutlich ab.

Sowohl die quantitativ bewertbaren Hauptkriterien als auch die Nebenkriterien werden nun relativ zueinander bewertet (siehe Tabelle 7.2).

Fahrleistungen

Dämpfungs- und Verlustleistungs-Strategie sind der Standard-Strategie in Bezug auf die Fahrleistungen deutlich überlegen und sind mit Ausnahme des Nürburgrings mit aktivem Rotor-Derating annähernd identisch. Die beiden optimierten Betriebsstrategien werden deshalb gleich bewertet.

Fahrbarkeit

Die Verlustleistungs- ist der Dämpfungs-Strategie auf dem relativ kurzen PG Weissach leicht überlegen, zeigt auf dem Nürburgring aber Schwächen bei der Fahrbarkeit und wird deshalb abgewertet. Die Standard-Strategie erhält eine weitere Abwertung aufgrund der extrem hohen Schwankungszahlen in allen Zyklen.

Energieverbrauch

Aufgrund der höheren generatorischen Drehmomente ist die Standard-Strategie in diesem Punkt überlegen. Die beiden optimierten Betriebsstrategien werden gleich bewertet.

Adaptionsfähigkeit

Alle untersuchten Betriebsstrategien passen sich gut an die unterschiedlichen Zyklen an, sodass es zu keiner nennenswerten Überhitzung kommt. Sie werden deshalb gleich bewertet.

Hohe Eintrittstemperatur

Wie in Abbildung 7.10 zu sehen, beginnt das Wickelkopf-Derating bei der Dämpfungs-Strategie früher als bei den anderen Betriebsstrategien, weil die Derating-Temperatur niedriger ist.

Transparenz

Derating setzt bei der Dämpfungs-Strategie kontinuierlich ein (siehe Abbildung 7.4), weshalb keine klaren Derating-Modi zugeordnet werden können. Gegenüber der Verlustleistungs-Strategie mit ihren diskreten Derating-Modi (siehe Abbildung 7.7) und der Zeitschätzung gibt es deshalb Abzug bei der Transparenz. Aufgrund des annährend konstanten relativen Drehmoments bei eingeschwungenem Derating wird die Dämpfungs-Strategie bei der Transparenz besser bewertet als die Standard-Strategie.

Tabelle 7.2:   Relative Bewertung der Betriebsstrategien

Betriebsstrategie	Fahrleistung	Fahrbarkeit	Energieverbr.	Adaption	Eintrittstemp.	Transparenz
Standard-Strategie	-	-	+	+	+	-
Dämpfungs-Strategie	+	+	-	+	o	o
Verlustleistungs-Strategie	+	o	-	+	+	+

7.7 Diskussion

Die Standard-Strategie hat den Vorteil, durch die direkte Regelung anhand der Temperatur das thermische Potential maximal ausnutzen zu können. Bessere Rundenzeiten werden mit ihr nur nicht erreicht, weil das generatorische Drehmoment nicht stärker beschränkt wird und weil das relative Drehmoment bei Grenztemperatur linear zu 0 wird. Das Ausnutzen des thermischen Potentials führt aber zwangsläufig zu starken Schwankungen, weshalb die Standard-Strategie in Bezug auf die Fahrbarkeit nicht konkurrenzfähig ist.

Die Dämpfungs- und die Verlustleistungs-Strategie basieren auf völlig unterschiedlichen Ansätzen und ermöglichen dennoch vergleichbare Ergebnisse. Je nach Zyklus kann es leichte Vorteile bei beiden Betriebsstrategien geben.

Die Dämpfungs-Strategie besticht durch ihre Einfachheit. Es wird, wie bei der Standard-Strategie, lediglich ein Temperatursignal benötigt, anhand dessen das zulässige Drehmoment eingeregelt wird. Die Applikationsgrößen der Dämpfungsfaktoren und der Derating-Temperaturen müssen nur einmal manuell oder mittels Optimierung bestimmt werden. Das Risiko der Dämpfungs-Strategie liegt in der Ungenauigkeit der Temperaturmessung und der Berechnung der Rotortemperatur. Voruntersuchungen zeigen, dass aufgrund der Lagetoleranz der Sensoren und der Trägheit des Temperatursignals deutliche Abweichungen entstehen können [57].

Der Charme der Verlustleistungs-Strategie ist es, dass durch die Berechnung der zulässigen Verlustleistung das thermische Potential des Antriebs theoretisch maximal ausgenutzt werden kann. Die Anpassung an den aktuellen Fahrzustand liefern dabei der gleitende Puffer und der Tastgrad. Durch die Anforderung der Fahrbarkeit muss der Tastgrad allerdings weitestgehend beruhigt werden, um Schwankungen zu reduzieren. Die Ausnutzung des thermischen Potentials wird dadurch beeinträchtigt und auf das Niveau der Dämpfungs-Strategie gebracht. Neben dem höheren Aufwand durch die benötigten Derating-Kennfelder ist bei der Verlustleistungs-Strategie das erhöhte Risiko zu beachten: Extreme Umwelteinflüsse oder Alterungserscheinungen können dazu führen, dass die Derating-Kennfelder falsche zulässige Verlustleistungen ausgeben und dadurch zu hohe Temperaturen erreicht werden. Die Verlustleistungs-Strategie muss deshalb immer mit einem zusätzlichen Bauteilschutz (Standard-Strategie) kombiniert werden. Außentemperatureinflüsse oder Alterungserscheinungen, wie beispielsweise eine Veränderung des Wärmeübergangs zwischen Wickelkopf und Kühlmantel aufgrund von Rissen im Vollverguss, könnten eventuell über Adaptionsvorgänge kompensiert werden.

Unabhängig von der eingesetzten Betriebsstrategie ist die Interaktion mit dem Fahrer entscheidend. Ein entsprechendes Anzeigekonzept sollte deshalb entwickelt werden. Bei der Verlustleistungs-Strategie kann hier die Zeitschätzung dabei helfen dem Fahrer anzuzeigen, wie lange er die aktuellen Fahrleistungen noch zur Verfügung hat. Über entsprechende Fahrweise kann dieser dann versuchen, Derating komplett zu vermeiden. Über eine mögliche Kombination mit der in Kapitel 5.2 eingeführten TEB-Kennzahl könnte dem Fahrer darüber hinaus nach einer Geraden angezeigt werden, ob seine Beschleunigung thermisch effizient war. Mit etwas Übung könnte dem Fahrer dadurch beigebracht werden, sich ähnlich der dynamischen Programmierung aus Kapitel 5.3 zu verhalten. Steigt die Temperatur dennoch weiter an, so dass ein z.B. Derating 1 aktiv wird, könnte dem Fahrer wiederum angezeigt werden, wie lange die nun reduzierten Fahrleistungen konstant bleiben bis Derating 2 eintritt. Reduziert der Fahrer die mittlere Belastung (z.B. durch Reduzierung des Fahrerwunschs vor Ende der Geraden), kann ihm außerdem angezeigt werden, wann er Derating 1 wieder verlässt und in Derating 0 wechselt. Prinzipiell sind die diskutierten Möglichkeiten in leicht eingeschränkter Form auch mit der Dämpfungs-Strategie möglich, wodurch sie allerdings an Einfachheit verliert.

In dieser Arbeit wurden Derating der Leistungselektronik und der Batterie nicht betrachtet. Wie in Kapitel 5.1 hergeleitet, sollte Derating der Leistungselektronik auf jeden Fall verhindert werden. Batterie-Derating ist allerdings bei hohen Antriebsleistungen schwer zu vermeiden. Aufgrund der hohen Wärmekapazität verhält sich die Batterie bei Derating ähnlich wie der Rotor, sodass beide untersuchten Betriebsstrategien grundsätzlich auch für Batterie-Derating geeignet sind.

8 Zusammenfassung und Ausblick

In dieser Arbeit werden Betriebsstrategien untersucht, die das Überhitzen der Antriebe verhindern und gleichzeitig hohe Fahrleistungen bei guter Fahrbarkeit gewährleisten.

Dazu werden zunächst die Grundlagen der Wärmeübertragung und anschließend Grundlagen über elektrische Antriebe am Beispiel des untersuchten Antriebs vermittelt. Da an einigen Stellen der Arbeit Optimierungsalgorithmen eingesetzt werden, werden die Grundlagen der Optimierung am Beispiel des NSGAII und der dynamischen Programmierung beschrieben.

Die Untersuchungen dieser Arbeit werden mittels Simulationsmodellen durchgeführt. Das Fahrzeugmodell bietet dafür den Rahmen. Um eine schnelle und stabile Berechnung zu gewährleisten, wird eine kombinierte Vorwärts-/Rückwärtsrechnung eingesetzt. Den Kern der Simulationsmodelle stellt das thermische Modell der elektrischen Maschine dar, weil Derating in dieser Arbeit nur aufgrund hoher Wickelkopf- und Rotortemperaturen eintritt. Für die thermischen Modelle werden thermische Netzwerke eingesetzt. Die Bestimmung der thermischen Widerstände und Wärmekapazitäten sowie die Aufteilung der Eisenverluste auf bestimmte Regionen der Maschine ist schwierig und kann zu Fehlern führen. In dieser Arbeit ist nicht die Vorausberechnung von Temperaturen einer nicht existierenden Maschine, sondern das Simulieren einer realen und am Prüfstand vermessenen Maschine gefordert. Deshalb wird ein einfaches thermisches Modell mit vier Massepunkten eingesetzt, dessen Parameter mittels Optimierungsalgorithmus (NSGAII) bestimmt werden. Ein ähnliches Vorgehen wird bei der Leistungselektronik angewendet.

Das Fahrzeugmodell inklusive der Batterie und des Getriebes existieren nur virtuell und werden anhand vergleichbarer Daten verifiziert. Die elektrische Maschine und die Leistungselektronik werden mit Messdaten und Simulationsdaten des Herstellers validiert und zeigen hohe Genauigkeiten.

Mit dem nun vorhandenen Wissen können theoretische Betrachtungen durchgeführt werden, die bei der Entwicklung einer Betriebsstrategie hilfreich sind. Dazu werden die thermischen Komponenten (z.B. Wickelkopf,

Rotor...) und die Verlustleistungsprofile während Rundstreckenfahrten zu einem mathematisch beschreibbaren Ersatzsystem überführt. Bei Bauteilen mit sehr kleinen thermischen Massen (und damit Zeitkonstanten) wird bei den normal auftretenden Belastungen bereits die Beharrungstemperatur erreicht (S1-Betrieb). Bauteile dieser Art, wie im Falle des elektrischen Antriebs die Leistungshalbleiter der Leistungselektronik, sollten deshalb so ausgelegt werden, dass sie ihre maximale Leistung dauerhaft ertragen können. Bei Bauteilen mit hohen Wärmekapazitäten können hohe Verlustleistungsamplituden ertragen werden, solange die mittlere Verlustleistung die dauerhaft ertragbare Verlustleistung nicht überschreitet (S3-Aussetzbetrieb). Dies trifft beispielsweise für Rotor und Wickelkopf der untersuchten elektrischen Maschine zu.

Anschließend wird untersucht, wie die Antriebsleistung optimal auf einer Rundstrecke eingesetzt werden sollte. Durch die Einführung einer Kennzahl für thermisch effizientes Beschleunigen (TEB-Kennzahl) wird ersichtlich, dass sich eine Beschleunigung besonders auf langen Geraden oder bei langsamer aktueller Geschwindigkeit lohnt. Um zu untersuchen, wie diese theoretische Erkenntnis optimal auf der Rundstrecke eingesetzt wird, wird die optimale Verteilung der Antriebsleistung auf eine Runde PG Weissach durch dynamische Programmierung ermittelt: Am Ausgang langsam gefahrener Kurven wird maximal beschleunigt, bei kurzen Geraden deutlich vor der Bremsphase die Leistung reduziert und bei langen Geraden maximal bis zur Höchstgeschwindigkeit beschleunigt. Aus der Untersuchung ging hervor, dass die Erkenntnisse nicht ohne Streckenkenntnis in die Betriebsstrategie einfließen können und dass die dynamische Programmierung als Betriebsstrategie bei Streckenkenntnis zu einer Entmündigung des Fahrers führt. Sie wird deshalb nur bei automatisierter Längsführung des Fahrzeugs empfohlen.

Im nächsten Kapitel wird der Stand der Technik der Betriebsstrategien von Hybridfahrzeugen dargelegt und anschließend das Konzept des Deratings erklärt. Betriebsstrategien von Hybridfahrzeugen lassen sich nicht direkt in eine Derating-Strategie übertragen. Veröffentlichungen, die die Optimierung von Fahrleistungen oder Fahrbarkeit bei aktivem Derating thematisieren, sind bisher nicht bekannt.

Anschließend werden Anforderungen an die Betriebsstrategie definiert. Die zentralen Anforderungen sind die Fahrleistungen in Form der Rundenzeit und die Fahrbarkeit, welche einen Zielkonflikt darstellen.

Um die Fahrbarkeit objektiv bewerten zu können, wird die Schwankungszahl eingeführt. Mögliche Betriebsstrategien werden aufgezählt und relativ zueinander bewertet, um eine Vorauswahl zu treffen. Es gibt zwei grundsätzliche Ansätze: Die Regelung anhand eines Temperatursignals und die Steuerung der zulässigen Verlustleistung. Jeweils ein Vertreter beider Ansätze wird ausgewählt und weiterentwickelt. Der Vertreter der temperaturgeregelten Betriebsstrategie wird als Dämpfungs-Strategie bezeichnet, weil die aus temperaturabhängigen Kennlinien ausgelesenen Parameter gedämpft werden bevor daraus das zulässige Drehmoment berechnet wird. Dadurch werden Schwankungen reduziert und die Fahrbarkeit verbessert. Die Verlustleistungs-Strategie nutzt präzises Wissen über das thermische Verhalten der elektrischen Maschine und berechnet über im Voraus erstellte Kennfelder die zulässige Verlustleistung. Durch die Analyse des zurückliegenden Verlustleistungsprofils erfolgt die Adaption an den Fahrzyklus.

Das Wickelkopf-Derating der beiden weiterentwickelten Betriebsstrategien wird mittels NSGAII optimiert und mit der Standard-Strategie verglichen. Die Fahrleistungen und vor allem die Fahrbarkeit können bei beiden Betriebsstrategien gegenüber der Standard-Strategie deutlich verbessert werden. Im optimierten Zyklus zeigt die Verlustleistungs-Strategie leichte Vorteile gegenüber der Dämpfungs-Strategie. Um die Robustheit der Betriebsstrategien zu überprüfen, wird ein weiterer, heterogener Zyklus gefahren und zusätzlich Rotor-Derating aktiviert. Hierbei zeigt die Dämpfungs-Strategie Vorteile bei der Fahrbarkeit. Bei der Dämpfungs-Strategie besteht aufgrund der Ungenauigkeit der Temperatursignale das Risiko, die Grenztemperaturen zu verfehlen. Bei der Verlustleistungs-Strategie besteht das Risiko, durch die Vernachlässigung von Umwelteinflüssen oder Alterungseffekten die zulässige Verlustleistung falsch zu berechnen. Aufgrund der diskreten Derating-Modi und der Zeitschätzung der Verlustleistungs-Strategie kann durch ein entsprechendes Anzeigekonzept die Transparenz für den Fahrer gesteigert werden.

Die quantitativen Ergebnisse und das Risiko bei der Verlustleistungs-Strategie empfehlen den Einsatz der Dämpfungs-Strategie. Vorteile bei der Transparenz hingegen deuten in Richtung der Verlustleistungs-Strategie.

Unabhängig von der Betriebsstrategie und deren Umsetzung ist die Interaktion mit dem Fahrer durch ein entsprechendes Anzeigekonzept entscheidend für die Akzeptanz des Deratings. Speziell für technisch interessierte Fahrer kann das Fahren am thermischen Limit des Antriebs, unterstützt durch innovative Anzeigekonzepte, sogar zu einer Steigerung des Fahrspaßes führen.

Literaturverzeichnis

[1] A. Binder, Elektrische Maschinen, Springer.

[2] A. Huber, M. Pfitzner, T. Nguyen-Xuan und F. Eckstein, „Effiziente Strömungsführung im Wassermantel elektrischer Antriebsmaschinen," *ATZ elektronik*, Nr. 06/2013, pp. 478-485, 2013.

[3] T. Finken, Fahrzyklusgerechte Auslegung von permaneterregten Synchronmaschinen für Hybrid- und Elektrofahrzeuge, Aachen: Shaker, 2011.

[4] H. D. Baehr und K. Stephan, Wärme- und Stoffübertragung. 6. neu bearbeitete Ausgabe, Heidelberg: Springer-Verlag, Berlin, 2008.

[5] S. Oechslen, T. Engelhardt und H.-C. Reuss, „Simulation und Untersuchung des Betriebsverhaltens elektrischer Fahrzeugantriebe unter hoher Belastung," Stuttgart, 2014.

[6] G. Dajaku, Electromagnetic and Thermal Modeling of Highly Utilized PM Machines, Aachen: Shaker Verlag, 2006.

[7] V. D. I. (VDI), VDI-Wärmeatlas. VDI-Gesellschaft Verfahrenstechnik und Chemieingenieurwesen (GVC), 10., bearbeitete und erweiterte Auflage, Heidelberg: Springer-Verlag, Berlin, 2006.

[8] C. Bertram und H.-G. Herzog, „Optimierung der Antriebsstrangtopologie von Elektrofahrzeugen," in *Internationaler ETG-Kongress*, Berlin, 2013.

[9] T. Pesce, Ein Werkzeug zur Spezifikation von effizienten Antriebstopologien für Elektrofahrzeuge, München: Dr. Hut, 2014.

[10] M. Vaillant, M. Eckert und F. Gauterin, „Energy management strategy to be used in design spece exploration for electric powertrain optimization," in *Ninth International Conference on Ecological Vehicles and Renewable Energies (EVER)*, Monaco, 2014.

[11] D. Schröder, Elektrische Antriebe - Grundlagen, Springer, 2007.

[12] W. L. Soong, Design and Modelling of Axially-Laminatd Interior Permanent Magnet Motor Drives for Field-Weakening Applications, Glasgow, 1993.

[13] B. Riemer, M. Leßmann und K. Hameyer, „Rotor Design of a High-Speed Permanent Magnet Synchronous Machine ratnig 100,00 rpm at 10 kW," in *Energy Conversion Congress and Exposition (ECCE)*, Atlanta, 2010.

[14] M. Genger und M. Weinrich, „Optimiertes Thermomanagement - Entwicklung eines Auslegungswerkzeugs für Kühlsysteme mit Einbindung aller Wärmequellen und -senken im Motorraum für ein optimiertes Thermomanagement," FVV , Frankfurt am Main, 2007.

[15] D. Bauer, P. H.-C. Reuss und P. E. Nolle, „Einfluss von Stromverdrängung bei elektrischen Maschinen für Hybrid- und Elektrofahrzeuge," in *Promotionskolleg HYBRID*, Stuttgart, 2014.

[16] K. Yamazaki und H. Ishigami, „Rotor-Shape Optimization of Interior-Permanent-Magnet Motors to Reduce Harmonic Iron Losses," in *IEEE Transactions on Industrial Electronics, Vol. 57, No. 1,* 2010.

[17] F. Magnussen, Y. Chin, J. Soulard, A. Broddefalk, S. Eriksson und C. Sadarangani, „Iron Losses in Salient Permanet Magnet Machines at Field-weakening Operation," in *IEEE*, 2004.

[18] B. Stumberger und B. H. Anton Hamler, „Analysis of Iron Loss in Interior Permanent Magnet Synchronous Motor Over a Wide-Speed Range of Constant Output Power Operation," in *IEEE Transactions on Magnetics, Vol. 36, No. 4,* 2000.

[19] T. J. E. Miller, Brushless Permanent-Magnet and Reluctance Motor Drives, Oxford: Clarendon Press, 1989.

[20] Elektrische Isolierung - Thermische Bewertung und Bezeichnung (IEC 60085:2007); Deutsche Fassung EN 60085:2008, Beuth, 2008.

[21] H. Hinrich, J. Kerner, L. Spiegel, N. Abu-Daqqa und M. Henke, „Einfluss der Rotorspaltdicke auf das Dauerleistungsvermögen von außen laufenden PSMs," in *7. Expertenforum E-Motive, Forschungsvereinigung Antriebstechnik e.V. (FVA)*, Maissach, 2015.

[22] J. Nägelkrämer, T. Engelhardt und H.-C. Reuss, „Simulation des elektromagnetischen und thermischen Verhaltens einer elektrischen Antriebsmaschine unter hoher Belastung," Stuttgart, 2015.

[23] J. Teigelkötter, Energieeffiziente Elektrische Antriebe, Springer, 2013.

[24] B. Eckardt, M. März und A. Schletz, „Anforderungsgerechte Auslegung von Leistungselektronik im Antriebsstrang," in *Haus der Technik*, 2008.

[25] A. Wintrich, U. Nicolai, W. Tursky und T. Reimann, Applikationshandbuch Leistungshalbleiter SEMIKRON International, Nürnberg: ISLE, 2010.

[26] infineon, „Technische Information FS600R07A2E3," infineon, 2012.

[27] M. Weckert, Neuartige Regelung eines dreiphasigen Pulswechselrichters zur Verlängerung der Lebensdauer der Leistungshalbleitermodule, Aachen: Shaker Verlag, 2014.

[28] A. Raciti und D. Cristaldi, „Thermal Modeling of Integrated Power Electronic Modules by a Lumped Parameter Circuit Approach," Catania, 2011.

[29] M. Warvel, G. Wittler, M. Hirsch und H.-C. Reuss, „Online thermal monitoring or power semiconductors in power electronics of electric and hybrid vehicles," in *Stuttgarter Symposium*, Stuttgart, 2014.

[30] U. Tellermann, Systemorientierte Optimierung integrierter Hybrid-module für Parallelhyridantriebe, Aachen: Shaker Verlag, 2009.

[31] M. Meywerk, CAE-Methoden in der Fahrzeugtechnik, Heidelberg: Springer-Verlag, 2007.

[32] O. Sundström, D. Ambühl und L. Guzzella, „On Implementation of dynamic programming for optimal control problems with final state contraints," in _Oil & Gas Science and Technology - Revue de l'IFP_ _65(1):91-102,_ 2010.

[33] S. B. Ebbesen, Optimal Sizing and Control of Hybrid Electric Vehicles, Zürich, 2012.

[34] A. Sciarretta und L. Guzzella, „Optimal Control of Parallel Hybrid Electric Vehicles," in _IEEE Transactions on Control Systems Technology 12(3):352-363,_ 2004.

[35] X. Wu, B. Cao, J. Wen und Z. Wang, „Application of Particle Swarm Optimization for Component Sizes in Parallel Hybrid Electric Vehicles," in _IEEE,_ 2008.

[36] K. Deb, A. Pratap, S. Agarwal und T. Meyarivan, „A Fast and Elitist Multiobjective Genetic Algorithm: NSGA-II," in _IEEE Transactions on Evolutionary Computation, Vol. 6, No. 2,_ 2002.

[37] P. Manheller, „Multiobjective Optimization for Plug-In Hybrid Vehicle Control-Strategy Development," in _Tag des Hybrids,_ 2013.

[38] J. H. Holland, Adaptation in Natural and Artificial Systems, The University of Michigan Press, 1975.

[39] R. Bellmann, „The Theory of Dynamic Programming," The Rand Corporation, Santa Monica, 1954.

[40] M. Back, Prädiktive Antriebsregelung zum energieoptimalen Betrieb von Hybridfahrzeugen, Karlsruhe: Universitätsverlag Karlsruhe, 2005.

[41] S. Rüger, Vollhybridantriebsstrang für ein sportliches Hybridfahr-zeugkonzept, Braunschweig: Shaker, 2014.

[42] K. B. Wipke, M. R. Cuddy und S. D. Burch, „ADVISOR 2.1: A User-Friendly Advanced Powertrain Simulation Using a Combined Backward/Forward Approach," in *IEEE Transactions on Vehicular Technology, Vol. 48, No. 6,* 1999.

[43] H.-H. Braess und U. Seiffert, Handbuch Kraftfahrzeugtechnik. 7. Auflage, Wiesbaden: Springer Vieweg, 2013.

[44] J. Hak, „Lösung eines Wärmequellen-Netzes mit Berücksichtigung der Kühlströme," *Archiv für Elektrotechnik,* Bd. XLII, Nr. 3, pp. 137-154, 1956.

[45] J. Hak, „Einfluß der Unsicherheit der Berechnung von einzelnen Wärmewiderständen auf die Genauigkeit des Wärmequellen-Netzes," *Archiv für Elektrotechnik,* Bd. XLVII, Nr. 6, pp. 370-383, 1963.

[46] C. A. Cezário und H. P. Silva, „Electric Motor Winding Temperature Prediction Using a SimpleTwo-Resistance Thermal Circuit," in *International Conference on Electrical Machines,* 2008.

[47] S. Oechslen, H.-C. Reuss, A. Heitmann und T. Engelhardt, „Thermische Simulation einer elektrischen Antriebsmaschine im Dauer- und Rundstreckenbetrieb," in *16. Internationales Stuttgarter Symposium,* Stuttgart, 2016.

[48] T. Huber, W. Peters und J. Böker, „A Low-Order Thermal Model for Monitoring Critical Temperatures in Permanent MAgnet Synchronous Motors," in *International Conference Power Electronics, Machines Drives,* Manchester, 2014.

[49] V. Zivotic-Kukolij, W. Soong und N. Ertugrul, „Iron Losses Reduction in an Interior PM Automotive Alternator," in *IEEE,* 2005.

[50] A. Kessler, „Versuch einer genaueren Vorausberechnung des zeitlichen Erwärmungsverlaufes elektrischer Maschinen mittels Wärmequel-

lennetzen," *Archiv für Elektrotechnik, Volume 45, Issue 1,* pp. 59-76, 01 1960.

[51] M. März und P. Nance, „Thermal Modeling of Power-electronic Systems," Infineon Technologies, München.

[52] J. Walter, Simulationsbasierte Zuverlässigkeitsanalyse in der modernen Leistungselektronik, Aachen: Shaker Verlag, 2004.

[53] D. Andrea, Battery Management Systems, Artech House Publishers, 2010.

[54] D. U. Sauer und J. Kowal, „7. Batterietechnik - Grundlagen und Übersicht," *MTZ,* Nr. 12/2012, pp. 1000-1005, 2013.

[55] „Technische Daten Porsche Cayman S," Dr. Ing. h.c. F. Porsche AG, 2015. [Online]. Available: http://www.porsche.com/germany/ models/cayman/cayman-s/featuresandspecs/. [Zugriff am 12 11 2015].

[56] „Rundenzeiten Nürburgring Sport Auto," Motor Presse Stuttgart GmbH & Co. KG , 2015. [Online]. Available: http://www.auto-motor-und-sport.de/rundenzeiten/supertests/?p=2&sort=Heft. [Zugriff am 12 11 2015].

[57] T. Engelhardt, H.-C. Reuss, A. Heitmann und S. Oechslen, „Einfluss der Wickelkopftemperatur auf Fahrbarkeit und Performance elektrischer Sportwagen," in *16. Internationales Stuttgarter Symposium,* Stuttgart, 2016.

[58] S. T. A. &. C. KG, Wälzlager, 2012.

[59] H. Pan, M. Kokkolares und G. Hulbert, „Model Validation for Simulations of Vehicle Systems," in *2012 Ndia Ground Vehicle Systems Engineering and Technolgy Symposium,* Michigan, 2012.

[60] Übergänge, Impulse und zugehörige Schwingungsabbilder - Begriffe, Definitionen und Algorithmen (IEC 60469:2013); Deutsche Fassung EN 60469:2013, Beuth, 2014.

[61] J. W. Cooley und J. W. Tukey, „An Algorithm for the Machine Calculation of Complex Fourier Series," *Mathematics of Computation*, pp. 297-301, April 1965.

[62] DKE, Drehende elektrische Maschinen - Teil 1: Bemessung und Betriebsverhalten DIN EN 60034-1 (VDE 0530-1), 2011.

[63] D. Görke, M. Bargende, U. Keller, N. Ruzicka und S. Schmiedler, „Kraftstoffoptimale Auslegung regelbasierter Betriebsstrategien für Parallelhybridfahrzeuge unter realen Fahrbedingungen," in *Hybridkolleg*, Stuttgart, 2014.

[64] A. Brahma, Y. Guezennec und G. Rizzoni, „Optimal energy management in series hybrid electric vehicles," in *Proceedings of the American Control Conference*, 2000.

[65] L. Serrao und G. Rizzoni, „Optimal Control of Power Split for a Hybrid Electric Refuse Vehicle," in *Proceedings of American Control Conference*, 2008.

[66] C. Lin, H. Peng, J. Grizzle und J. Kang, „Power Management Strategy for a Parallel Hybrid Electric Truck," in *IEEE Transactions on Control Systems Techonology 11 (6):839-849*, 2003.

[67] A. Sciarretta und L. Guzzella, „Control of Hybrid Electric Vehicles," in *IEEE Control Systems Magazine (4):60-70*, 2007.

[68] M. Ecker und D. U. Sauer, „8. Batterietechnik - Lithium-Ionen-Batterien," *MTZ*, pp. 66-70, 01 2013.

[69] Y. Cao und P. Cao, „A derating control strategy based on the stator temperature of PMSM," *Applied Mechanics and Materials Vols. 727-729*, pp. 683-686, 2015.

[70] J. Lemmens und J. Driesen, „Thermal Management in Traction Applications as a Contraint Optimal Control Problem," in *IEEE Vehicle Power and Propulsion Conference*, Seoul, 2012.

[71] J. Nägelkrämer und T. Engelhardt, „Vergleich von Optimierungs-algorithmen zur Bestimmung einer Betriebsstrategie für elektrische Sportwagen im Rundstreckenbetrieb / Forschungsarbeit," Stuttgart, 2015.

[72] D. Schröder, Elektrische Antriebe Regelung von Antriebssystemen, Springer, 2008.

Anhang

Anhang A – Parameteranpassung des Ersatzmodells

Die Wärmekapazitäten der Ersatzmodelle entsprechen denen der Massepunkte der thermischen Modelle. Die thermischen Widerstände werden manuell für das PG Weissach ermittelt. Thermische Systeme wie der Wickelkopf und der Leistungshalbleiter der Leistungselektronik lassen sich mit dem Ersatzmodell gut nachbilden (siehe Abbildung A.1).

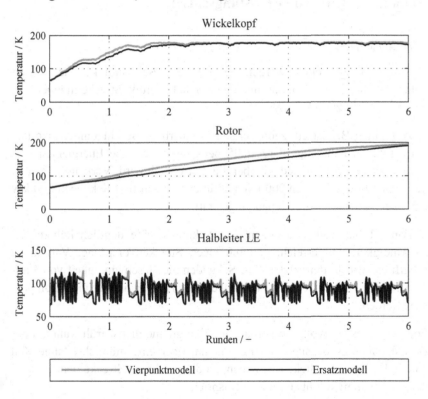

Abbildung A.1: Temperaturverläufe 6. Runde PG Weissach des Ersatzmodells

Es handelt sich dabei um thermische Systeme, deren Temperatur hauptsächlich durch die eigene Verlustleistung und die direkte Wärmeleistung zum Kühlmedium bestimmt wird. Die Temperatur des Rotors dagegen wird maßgeblich von der Temperaturdifferenz zum Stator beeinflusst. Das führt in den ersten Runden zu einer schnelleren Erwärmung des komplexeren Vierpunktmodells, weil die Temperatur des Stators höher ist als die Rotortemperatur.

Anhang B – Effizienter Leistungseinsatz

Leistungseinsatz

Es soll die Frage geklärt werden, bei welcher Geschwindigkeit sich ein erhöhter Leistungseinsatz lohnt, um eine möglichst große Strecke in einer vorgegebenen Zeit zurückzulegen.

In Abbildung B.1 ist ein zehn Sekunden dauernder Beschleunigungsverlauf eines fiktiven Fahrzeugs dargestellt, bei dem die gleiche Energiemenge in zwei Varianten unterschiedlich über die Zeit verteilt wird. Variante 1 setzt in den ersten fünf Sekunden 200 kW und in den letzten fünf Sekunden 100 kW ein – bei Variante 2 ist es genau umgekehrt.

Variante 1 hat nach den ersten fünf Sekunden eine deutlich höhere Geschwindigkeit und erreicht dadurch einen Streckenvorsprung. Variante 2 schafft es zwar in den letzten fünf Sekunden die Geschwindigkeit von Variante 1 sogar zu übertreffen, der Streckenvorsprung kann aber nicht kompensiert werden.

Folglich ist es sinnvoll, die vorhandene Energie möglichst früh während des Beschleunigungsvorgangs einzusetzen, um über eine möglichst lange Zeit eine hohe Geschwindigkeit zu haben, da die gefahrene Strecke dem Integral der Geschwindigkeit über der Zeit entspricht.

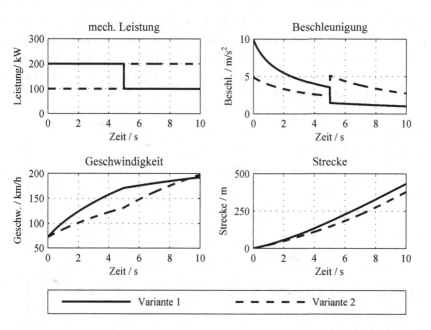

Abbildung B.1: Beschleunigungsvorgang mit zwei Varianten: Variante 1 mit verdoppelter Leistung in den ersten 5 Sekunden, Variante 2 mit verdoppelter Leistung in den letzten 5 Sekunden

Leistungsreduzierung mit Fahrzeuggeschwindigkeit

Zunächst wird untersucht, wieviel mehr Zeit bei Reduzierung der Leistung mit steigender Geschwindigkeit benötig wird, um eine Strecke von einem Kilometer mit einer Anfangsgeschwindigkeit von 50 km/h zurückzulegen.

Die abfallende Leistung wird durch einen Verzerrungsfaktor definiert:

$$M(n) = M_{max} \cdot \left(\frac{n_{eck}}{n}\right)^{f_{verz}} \quad | \quad n > n_{eck} \qquad \text{Gl. B.1}$$

M	Drehmoment	/ Nm
M_{max}	max. Drehmoment	/ Nm
n_{eck}	Drehzahl am Eckpunkt	/ $1/min$
n	Drehzahl	/ $1/min$
f_{verz}	Verzerrungsfaktor	/ –

Ein Verzerrungsfaktor von 1 ergibt eine konstante Leistung im Feldschwächbereich, während ein Verzerrungsfaktor von zwei eine mit $1/n$ abfallende
Leistung verursacht (entspricht Asynchronmaschinen). Abbildung B.2 zeigt,
wie sich der Verzerrungsfaktor auf das Beschleunigungsverhalten des Fahrzeugs in der Ebene auswirkt.

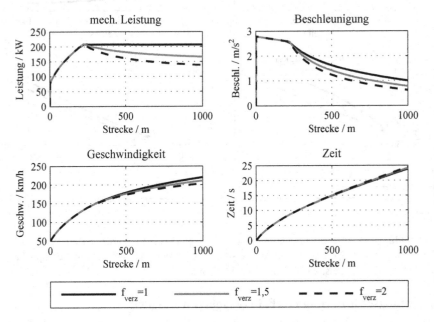

Abbildung B.2: Einfluss des Verzerrungsfaktors auf Leistung, Beschleunigung, Geschwindigkeit und die Zeit auf einer 1 km langen Geraden

Obwohl die Leistung und die Beschleunigung mit steigendem Verzerrungsfaktor stark abfallen, steigt die benötigte Zeit nur geringfügig an.

Der Einfluss des Verzerrungsfaktors auf die Zielgrößen Zeit, maximale
Temperatur, Energieverbrauch und maximale Geschwindigkeit ist in Abbildung B.3 für jeweils 0 % und 5 % Steigung dargestellt. Die benötigte Zeit für
die 1 km lange Gerade steigt moderat von 23,9 auf 24,5 Sekunden an.

Die maximale Temperatur des Wickelkopfes sinkt bei 0 % Steigung mit
steigendem Verzerrungsfaktor von 129,8 auf 114,4° C. Bei einem Verzerrungsfaktor von 1,5 tritt eine gewisse Sättigung auf, weil bei der abfallenden
Leistung die maximale Temperatur nicht am Ende der Geraden, sondern in

der Nähe des Eckpunktes der elektrischen Maschine erreicht wird. Die Erwärmung des Rotors hängt allerdings kaum vom Verzerrungsfaktor ab.

Ein weiterer positiver Effekt ist die geringere verbrauchte Energie: Die Verbrauchte Energiemenge sinkt von 5,1 auf 4,4 MJ. Durch die eingesparte Energie kann während der nächsten Bremsphase die Rekuperation reduziert werden, wodurch es ebenfalls zu einer geringeren Erwärmung kommt.

Die Steigung von 5 % sorgt für eine Parallelverschiebung der Ergebnisse. Eine grundlegende Erkenntnis zur Leistungsfreigabe in Abhängigkeit der Steigung lässt sich an dieser Stelle nicht ableiten.

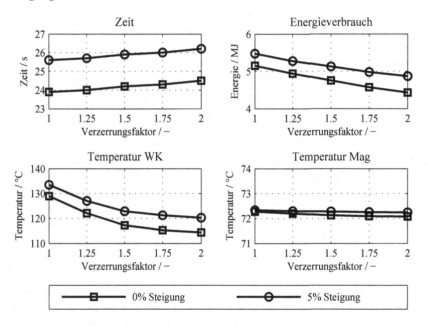

Abbildung B.3: Einfluss des Verzerrungsfaktors auf die Zielgrößen Zeit, max. Temperatur, E-Verbrauch und max. Geschwindigkeit bei 0% und 5% Steigung (Simulation basiert auf einem älteren Datenstand des thermischen Modells der elektrischen Maschine)

In Kapitel 5.3 wird nachgewiesen, dass eine Reduzierung der Leistung bei hohen Geschwindigkeiten bei langen Geraden auch kontraproduktiv sein kann. Voruntersuchungen [71] zeigen außerdem, dass sich bei einer Optimierung ein geringer Verzerrungsfaktors von ca. 1,1 einstellt und der Einfluss auf die Rundenzeiten gering ist. Aus diesem Grund wird die geschwindigkeitsabhängige Leistungsreduktion in den in dieser Arbeit untersuchten Derating-Strategien nicht weiterverfolgt. Je nach Anwendungsfall, oder als Anpassungsoption an äußere Bedingungen, können die gewonnen Erkenntnisse allerdings mit den Betriebsstrategien aus Kapitel 1 kombiniert werden.

Printed in the United States
By Bookmasters